国际观察丛书

新时代海洋命运共同体构建

李雪威◎主编

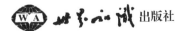

世界知识出版社

图书在版编目（CIP）数据

新时代海洋命运共同体构建／李雪威主编．--北京：世界知识出版社，2020.12

（国际观察丛书／张蕴岭主编）

ISBN 978-7-5012-6332-5

Ⅰ.①新… Ⅱ.①李… Ⅲ.①海洋学—关系—国际关系—文集 Ⅳ.①P7-53②D81-53

中国版本图书馆 CIP 数据核字（2020）第 242191 号

责任编辑	刘豫徽
责任出版	王勇刚
责任校对	张　琨

书　　名	新时代海洋命运共同体构建 Xinshidai Haiyang Mingyun Gongtongti Goujian
主　　编	李雪威
出版发行	世界知识出版社
地址邮编	北京市东城区干面胡同 51 号（100010）
网　　址	www.ishizhi.cn
投稿信箱	lyhbbi@163.com
电　　话	010-65265923（发行）　　010-85119023（邮购）
经　　销	新华书店
印　　刷	北京虎彩文化传播有限公司
开本印张	720 毫米×1020 毫米　1/16　17¼印张
字　　数	205 千字
版次印次	2020 年 12 月第一版　2020 年 12 月第一次印刷
标准书号	ISBN 978-7-5012-6332-5
定　　价	76.00 元

序

对海洋观和海洋秩序的思考[*]

　　2019 年 4 月，中国领导人在人民海军成立 70 周年多国海军活动上，提出了构建海洋命运共同体的倡议。为什么是海洋命运共同体，何谓海洋命运共同体？如何构建海洋命运共同体？针对这些问题，山东大学国际问题研究院组织召开了一次关于新时代海洋命运共同体的学术研讨会，邀请国内专家学者就涉及这个问题的诸多方面问题进行了讨论。

　　如今，海洋问题凸显，引起世界的高度关注。地球上 2/3 是海洋，海洋之变足以影响整个人类的生存。笔者在研讨会上做了一个发言，提出了一些看法。这些看法是笔者在最近研究世界大变局问题中思考的。笔者的一个基本认识是，在世界正经历的诸多大变局中，自然环境之变是重中之重，而在自然环境变化中，海洋之变具有重大影响。

关于海洋观的思考

　　在长期的历史中，人类对海洋的认识是不断深化的，经历了从

---

　　* 本文作为"主编笔记"发表于 2020 年 6 月世界知识出版社出版的《东亚评论》总第 32 辑。

"无知"到"有知",从"浅知"到"深知"的过程。海洋观是人们对海洋的总体认识,代表着主流,具有主导性影响力,我把基于对海洋认识所形成的"海洋观"总括地归结成1.0、2.0和3.0,从1到3的认识,不是割裂开来的,它们相互间是有联系性的,是累积发展的结果。

地球由海洋与陆地构成,海洋面积远大于陆地,但人类生活在陆地上,因此,人类对海洋的客观认识与利用要比陆地晚。在"地理大发现"之前,人对海洋的认识是简单的,很难说有鲜明的和作为主导性影响的海洋观。

工业革命为造船与航海提供了新的物资和技术支持,于是,可以用于远航的大船开辟了利用海洋的新天地,让海洋由阻隔变成通途。鉴于此,那些最先接受了工业革命洗礼的欧洲沿海国家,很快成为商业中心和进行殖民扩张的强国。于是,代表主流的海洋观形成,其主要的启蒙认知是:海洋是便捷的大通道,利用海洋,发展海上运输,扩大对外贸易,国家大力支持远航,发现财富,拓展殖民。

在此情况下形成的对海洋的认识,即海洋观可以称之为"海洋观1.0"。在这样的海洋观指导下,一些海洋国家,主要是欧洲国家快速崛起,海洋为这些崛起强国进行海外扩张和殖民提供了基础支持。事实上,没有海洋大通道,"地理大发现"不可能进行。同时,大发现也激发了海上竞争,引起海上争夺与战争。基于海洋观1.0,海洋战略思想得到发展,最具代表性的是19世纪末美国军事理论家马汉提出的海权论。海权论的主导思想是一个国家要强大,就要利用海洋优势,拥有海洋优势,把持海洋优势,其影响延续至今。

随着世界的发展,人类对海洋的认识不断拓展和深化,逐步形成了新的海洋观。新海洋观是在海洋观1.0的基础上发展的,因此可称之为海洋观 2.0，其主要的认识是：海洋不仅是大通道，还是拥有丰富资源的储藏地，其中最为重要的是油气资源和稀有矿产资源。海上油气资源的发现和开发助推了能源结构由煤炭向油气的转变，让一些拥有沿海油气资源的国家、公司的财富快速增长，这助推了对海洋本身所拥有资源的争夺，以及国家海洋权益的争夺。海洋观 2.0 也推动了关于海洋新思想、新战略的发展，比如，发展海洋经济，扩大海洋权益，国家经略海洋，等等。这些发展也推动了国际社会对海洋的管理，经过联合国三次海洋法会议，通过了《联合国海洋法公约》（以下简称《公约》），《公约》于 1994 年生效。《公约》确立了新的海洋制度，包括确立 200 海里专属经济区制度，扩大沿海国对海洋的主权权利和管辖权，对包括海洋科学研究、海洋环境的保护和保全，以及公海、国际海底的开发利用等事项作出制度和法律安排，规范各国开发利用海洋的基本权利和义务等。

随着海洋的过度开发，加上综合环境恶化对海洋的影响使人们对海洋的认识发生转变，开始重新认识海洋。人们认识到海洋是人类生存环境的重要依托。对海洋的过度开发，海洋受到严重污染，这不仅危及海洋生物的生存，而且对海洋本身的生态和循环造成破坏，无疑会影响到人类的生存环境。特别是，气候变化使南北极冰盖融化，导致海平面上升，海水温度升高，这对整个地球的生态环境造成灾难性影响。在此情况下，新的海洋观萌生，即人类必须维护海洋，治理海洋，这生成了以海洋治理为核心的新海洋观，亦可称之为海洋观 3.0，其核心认识是，人类必须保护海洋，对海洋污染进行治理，恢复海洋生态平衡。

新海洋观还在发育期，还要逐步形成国际共识，让所有国家都承担相应责任，开展有效的合作。人类已走到十字路口：据报道，地球开始负能量运行，即整体环境在恶化，包括海洋环境，各国合作的目的，最为重要的是让地球，包括海洋回到正能量运行状态。

关于海洋秩序的思考

海洋观引领人们的海洋行动，而在行动的基础上形成一定的海洋秩序。与海洋观和实际的发展相联系，也形成不同时期的海洋秩序。

海洋秩序 1.0 的主要特征是利用海洋大通道，发展海洋航行便利的功能。但受利益的驱使，列强海上争夺激烈，一旦强者获得优势，必定按照自己的意愿和利益制定规则和维护秩序，由此，自由航行的海洋受制于霸权力量主导，这样的海洋秩序具有很强的海上霸权主导的特征。

强国优势和霸权秩序是排他性的，维护优势与霸权是为了获取最大的利益。因此，在霸权秩序下，海洋冲突、战争迭起。维护霸权要比争得霸权更难，在长期的海上争夺中，海上霸权不断交替更迭，曾先后出现不少地区性和全球性占主导地位的强国。英国自 1588 年开始到一战结束，一直维持着海上霸权，而一战结束时，美国发展为仅次于英国的海上霸权，二战后，美国在海上取得绝对优势，至今，可以说仍没有挑战对手。

海洋秩序 2.0 的主要特征为用海、拥海立规，建立基于《联合国海洋法公约》的海洋秩序。基本原则是在维护海上航行开放的前提下，确立和维护沿海国的海洋权益和责任。在联合国层面和其他诸多领域，先后建立了海洋管理的机构和机制。但在实施《公约》中，也出现了不少问题与矛盾，比如，专属经济区管辖范围的重叠以及所产生的矛盾，资源开发与保护的不平衡，还有像美国这样拥有海上霸权的国家拒绝签署《公约》，却又基于自己的利益自行解释《公约》等。

值得指出的是，海洋秩序2.0是在工业化大发展的背景下形成的，由于注重利用，轻视保护，注重权益，轻视责任，导致海洋资源过度开发和利用，大量污染物任意向海洋倾倒和排放，导致海洋可持续的环境受到严重威胁，而海洋生态危机成为人类生存环境危机的最重要因素之一。海洋秩序3.0，基于对海洋的新认知，即海洋观3.0。新的海洋秩序正在酝酿，要旨是海洋治理，恢复海洋生态，以维护人类的生存环境。通过综合措施治理，其中包括防止气温升高和治理海洋污染，阻止海洋温度和海平面提升。海洋治理是一项综合工程，既需要新认知，又需要新行动，特别需要人类的新觉醒和联合行动。以海洋治理为中心的海洋新秩序具有新时代的特征，涉及人类生存的大计，肯定需要很长的时间，但是，危机形势严峻，我们不能没有紧迫感。当然，新秩序的建立是在原有秩序的基础上进行的，实际上也是以解决原有秩序中存在的问题为前提。中国是一个陆海国家，海洋是中国立足和生存发展的重要支撑。历史上，中国曾经有过占据优势地位的海洋力量，郑和下西洋留下永久相传的佳话。但是，中国没有形成与时俱进的海洋观，在海洋秩序构建上被边缘化。近代，海洋成为列强进犯中国的便利通道。面对列强进犯，清朝后期曾引进西方技术和舰船，试图建立强大的海军，但中日甲午一战，清朝最强的海军部队——北洋舰队覆没。从此，在很长的历史中，中国人对海洋有一种恐惧感。

1978年，中国开始实施改革开放，把沿海作为改革开放的前沿，于是，中国人对海洋的认知发生了重大变化。通过设立沿海经济特区，实行"两头在外""借船出海"，大力发展加工制造业，沿海地区成为热土，海洋成为对外交往的大通道，海洋由威胁变成机会，新海洋观得到确立。

随着经济发展的综合实力增强，中国进一步提升了自身的海洋地位，不仅加强了对海洋权益的护卫、对海洋资源的开发，还提出建设海洋强国的战略目标。总的来看，中国构建的海洋观，具有很强的1.0、2.0印记，是一种赶超和争雄的思维，这对一个"后起海洋大国"来说，无可厚非。

然而，中国必须加快步入海洋观3.0和海洋秩序3.0的进程，承担起维护、治理海洋的重任。这对中国来说是个挑战，刚刚熟悉了1.0和2.0，要跨入3.0。当然，这不是要在它们之间进行取舍，而是要融入新时代的新内容。海洋治理涉及人类生存的根本利益，作为世界人口最多的国度，中国义不容辞。在海洋治理方面，中国面临诸多挑战，无论是在海洋污染治理，还是在构建新海洋规则和秩序方面，不仅需要学习和参与，还要发挥引领作用，肩负起新兴大国的责任。

中国领导人提出构建海洋命运共同体，是着眼于海洋观3.0和海洋秩序3.0的。顾名思义，海洋命运共同体，就是基于人类生存和发展的共同愿景考虑的。从这个意义上说，海洋命运共同体的构建是新时代新海洋观和秩序构建的中国方案。

重在行动，不仅要从自身做起，更要组建合唱队，要多做工作，增进共识，行动起来。地球已经开始进入负能量运转程式，海洋也是，也就是说，人类面临生存危机，再也拖延不起了。

张蕴岭

中国社会科学院学部委员

山东大学国际问题研究院院长

目 录

全球海洋安全治理：机遇、挑战与行动*

张景全　吴昊**

当今世界正经历的"百年未有之大变局"是深刻的，带有突破性、转折性和综合性特征，涉及的层面非常复杂的。① 全球治理在力量对比格局、发展范式选择、利益诉求考量和高新科技发展应用等方面，呈现出不同以往的新特征与新态势。

一、全球海洋安全治理面临的新机遇

全球海洋安全治理的内涵和外延、理论与实践不断拓展，迎来新的发展机遇。

第一，海洋安全治理逐渐包含国家、组织、人、海洋生物和海洋非生物等多元维度。2019 年 4 月 23 日，习近平主席在青岛集体会见

　＊　本文发表于《东亚评论》第 33 辑，略有改动。

　＊＊　张景全，山东大学国际问题研究院、东北亚学院副院长，教授；吴昊，山东大学东北亚学院国际政治专业博士生。本文是山东大学国际问题研究院委托课题"全球海洋安全治理：机遇、挑战与行动"的成果。

　①　张蕴岭：《对"百年之大变局"的分析与思考》，《山东大学学报（哲学社会科学版）》2019 年第 5 期，第 1—15 页。

应邀出席中国人民解放军海军成立 70 周年多国海军活动的外方代表团团长时，首次提出"海洋命运共同体"重要理念。① 在这一视域下，为了共存、共治与共享关系的维系，海洋场域内的一切存在都被纳入其中，这极大地拓展了主体范畴。海洋主体的拓展，特别是海洋生命与非生命主体，会成为全球海洋安全治理的重要主体和考量因素，在主体内部释放影响和感知的同时向外施加影响，塑造全新的海洋治理态势。

第二，新兴国家在全球海洋治理中的角色和诉求不断提升。在海洋意识不断觉醒和国家实力不断增强的牵引下，新兴国家对海洋治理领域的权力意识也不断加强。新兴国家非常关注海洋突出的战略重要性，重视积极参与全球海洋安全治理并以合适的方式表达利益诉求。譬如，随着韩国海洋实力由弱转强，韩国海权观经历了从海洋弱小国家的海权观到谋求建设海洋强国的海权观的逻辑转换，参与全球海洋事务的领域在增加、程度在加深。② 新兴国家参与全球海洋安全治理是为了维护和拓展本国的海洋安全利益，寻求全球海洋安全伙伴，③ 并为促进全球海洋安全秩序的稳定做出自己的努力和贡献。这拓展了全球海洋安全治理的力量构成、意愿组合、秩序重塑与方式选择。新兴国家为全球海洋治理提供了更为充足的治理助力和力量支撑；对海洋安全事务发展的意愿诉求，可推动全球海洋世界变得更加多元包容；对国际海洋秩序重塑的努力与尝试，可促动国际海洋新秩序的建构；依据国际局势和本国国情而选择的海洋治理方式，可为全球海洋安全治理提供更多可供选择的实践

① 《习近平集体会见出席海军成立 70 周年多国海军活动外方代表团团长》，来源：新华网，人民网，2019 年 4 月 23 日，http://jhsjk.people.cn/article/31045360。

② 李雪威：《韩国海权观：力的谋求与逻辑转换》，《东北亚论坛》2018 年第 2 期，第 91—103 页。

③ 葛红亮：《新兴国家参与全球海洋安全治理的贡献和不足》，《战略决策研究》2020 年第 1 期，第 46—58 页。

方案。

第三，海上新安全威胁骤增。近年来，海盗、海上恐怖主义袭击、海上跨国犯罪、海洋生态危机以及海上卫生疫病等海洋非传统安全问题的发生的频度在不断上升。海洋本身具有独特性和开放性，海洋领域的安全问题威胁人类的生存，亟待国际社会共同努力解决。各主体在新安全问题上面临着不断增多的共同挑战，合作安全、共生安全、共同命运的理念与实践不断强化。各国需要建立新的认知，促使新的海洋观萌生，建立基于人类共同生存的全球海洋治理秩序，共创人类共同命运的全球海洋治理未来。

第四，在全球海洋安全治理发展的实践中，制度性权力已逐渐成为各方的基本追求，规则性竞争已逐渐成为各方的战略目标，合作式治理已逐渐成为各方的普遍共识，共生性未来已逐渐成为各方的共同需要。在全球海洋世界中，制度建立和维系的作用愈发凸显，制度性权利成为全球海洋权力争夺的关键部分。当前全球海洋安全事务中的各项争夺大多会聚焦于规则上，规则竞争成为新形势下的重要战略目标。随着海上共同的安全威胁和挑战不断增多，各方在全球海洋安全治理中更加相互依赖，合作以应对共同问题、合作以治理全球事务成为各方的普遍共识。当今的海洋世界是多元多样、和谐共生的世界，各方在海洋上的命运和未来逐渐联结在一起，共生未来、共同命运已成为基本现实，这些为全球海洋安全治理提出了新要求、带来了新推动。

第五，中国在全球海洋安全治理中的角色和作用逐渐强化。中国参与全球海洋安全治理，既是中国国家大战略实施的重要构成和现实任务，也是全球海洋安全治理得以顺利开展和取得实际成效的需要。首先，中国参与全球海洋安全治理的国内基础良好。近些年，中国海洋综

3

合实力全面发展，中国的海洋经济、科技和军事等海洋硬实力获得极大进步，中国的海洋话语、海洋发展主张、海洋治理方案等海洋软实力的发展也可圈可点。中国有能力、有意愿提供全球海洋安全治理所需的公共产品、制度支撑和方案选择。其次，中国参与全球海洋安全治理的政治身份契合。中国是联合国安理会常任理事国，也是全球经济总量第二的国家和世界上最大的发展中国家，同时还是世界上最大的二氧化碳排放国、最大的原油进口国、最大的贸易国，更是国际海事组织 A 类理事国、北极理事会观察员国家等。多种身份并存使得中国在全球海洋安全治理中发挥举足轻重的作用。最后，中国参与全球海洋安全治理的蓝色关系稳固。中国秉持人类命运共同体的理念，注重多数国家和民众生存发展的切实需求，追求国际社会共同利益。中国目前共与 107 个国家和地区组织建立了伙伴关系，共建立了 80 多个战略性伙伴关系。[①] 中国全球性伙伴关系网络的建构，为中国深度参与全球海洋安全治理提供了厚重的支撑。

可见，中国有能力和有意愿提供全球海洋安全治理所迫切需要的治理理念、多元模式、公共产品以及有效路径，对海洋安全治理的制度建设与规范塑造有着多重助力。特别是中国提倡"海洋命运共同体"这一全新的国际海洋规范，指明了海洋事务及其治理的发展方向。中国在全球范围内开展合理有效的海洋安全治理实践行动，给全球海洋安全治理改善创造了新的机遇。

---

① 王晨光：《中国的伙伴关系外交与"一带一路"建设》，《当代世界》2020 年第 1 期，第 69—73 页。

二、全球海洋安全治理面临的新挑战

由于全球化的深度发展，国家间实力的此消彼长，利益诉求的差异明显，实践开展的层次分化和智能技术方式手段的深度介入等原因，全球海洋安全事务的治理参与主体全球化、考量因素复杂化、态势失衡显现化，全球海洋安全治理在新时代面临一系列新挑战。

（一）海洋治理全球化、差异化

随着经济全球化的深入发展，愈发增多的国家和非国家行为体逐渐卷入海洋安全事务及其治理之中，海洋的战略价值不断彰显、治理需求不断提升，海洋安全治理已成为全球治理的重要构成。囿于各主体的发展现实和未来需求的差异性，其海洋战略与实践、海洋诉求和参与、海洋意愿和行动等方面的差异性也逐渐凸显出来，给全球海洋安全治理全球化和差异化带来一系列新挑战。

第一，经济全球化时代，海洋关系着人类的生存与发展。海洋安全治理逐渐包含全球越来越多的国家、国际组织、海洋生命与非生命等群落，全球各海域之间的联动性变强，全球化、复杂化、层次化的态势显著。

由于海洋的开放性和流动性，全球各海域的安全事务之间的联动性极为明显。一个海域的传统或非传统安全问题的发生，会快速辐射到其他海域。近些年，越来越多的国家先后颁布或更新其国家海洋战略，并积极拓展海洋实践，由于其优先诉求和战略着力点不同，在开展海洋实践时难免会有所冲突。全球海洋安全治理机制和体制碎片化特征的日渐凸显，以及国际海洋法约束性和强制力不够，导致全球海洋安全治理系统内存在多重复合博弈。

美俄两国在海洋问题上的争端是海洋安全事务流动性的典型体现。美俄分别将彼此作为海上"全球打击"的主要指涉对象，近几年，美俄在海洋上的战略竞争与军事对峙加剧。美国为首的北约在靠近俄罗斯的海域加紧军事活动，开展的具有反俄倾向的联合作战演习数量显著增加。2020 年 6 月 6—16 日，北约在波罗的海开展为期 10 天的联合军事演习，6 月 11 日俄罗斯波罗的海舰队发表声明，表示于当日开始在波罗的海展开打击海上目标的军事演习。[①] 同一时间段，俄罗斯和北约在波罗的海同场亮剑，其背后的军事指向和战略诉求是复杂的，给该地区安全乃至全球海洋安全局势带来的影响是深远的。

第二，海洋安全治理主体之间的不平衡性和差异性愈发凸显。海洋安全治理主体由于海洋安全环境、实力发展程度、利益优先诉求以及海洋治理意愿等诸多的差异，他们之间在海洋安全观念、制度架构与路径依赖等方面的需求存在很大区别。

首先，海洋安全治理主体在海洋安全环境上存在差异。各主权国家地缘政治环境的不同和国家利益的差异导致其对海洋危机的认识和态度迥异。[②] 随着海洋战略价值的日渐凸显以及印度洋—太平洋海域安全态势

---

① 《北约在波罗的海联合军事演习，俄战斗机迅速展开打击海上目标演练》，来源：南方都市报，搜狐网，2020 年 6 月 12 日，https://www.sohu.com/a/401324596_161795?_trans_=000019_hao123_pc。

② David Held, Kevin Young, "Global Governance in Crisis? Fragmentation, Risk and World Order," *International Politics*, Vol. 50, No. 3, 2013, p. 325.

的新变化，美国通过其主导的双边海洋安全合作，强化海上盟友之间的海上安全合作关系，从而建立网状结构的"印太海洋联盟体系"。中国海权是纳入中国国家主权范畴之内的，中国的国家属性和国家实力的发展进阶以及中国周边复杂的海洋争端的历史与现实状况，决定了其海上战略力量的发展也始终是防卫范围内的事情。

其次，海洋安全治理主体在实力发展程度上存在差异。按照经济发展阶段，可以把海洋国家大致分为三类：第一类是前现代国家，第二类是现代国家，第三类是后现代国家。① 三类国家由于发展程度的差异，其海洋战略与实践的目标存在差异。前现代国家的海洋战略目标主要是保护海洋渔业资源，现代国家的海洋战略目标主要是海洋生态环境保护和海洋资源可持续利用，后现代国家的海洋战略目标主要是海洋生态环境保护、海洋资源可持续利用以及人海和谐。差异化的海洋治理目标会引发差异化的海洋安全实践，导致海洋安全治理力量难以聚合。

最后，海洋安全治理主体在海洋治理意愿上存在差异。新兴国家由于国家实力的增强，海洋意识和拓展海洋权益的意愿不断增强，开展实践行动的积极性不断提升，对全球海洋安全治理体系重塑的要求增多。美国等传统海洋强国对于新兴国家正当合理的海洋利益诉求、国际海洋新秩序的建构必要和呼声等视而不见，更不愿在全球海洋安全治理的实践进程中丧失主导权和优势地位。新旧海洋国家之间缺乏信任，呈现出不主动合作和低水平无效合作的状态，严重影响了全球海洋安全热点问题的有效解决。

---

① ［英］杰弗里·蒂尔：《21 世纪海权指南》（师小芹译），上海：上海人民出版社 2013 年版，第 1—2 页。

（二）海洋安全考量因素复杂

在和平与发展的后海权时代，海洋安全治理的耦合因素和连锁反应比以往更为复杂，海洋安全治理实践与全球事务其他议题之间的联动性愈发明显，全球海洋安全治理深度开展需要系统考量和妥善处理的因素是非常复杂的。

第一，与以往相比，全球层面的海洋安全战略与实践的战略牵引层面更为复杂，战略投入考量更为多样，战略目标设定更为现实，战略收益估算更为直观。

首先，战略牵引层面更为复杂。全球海洋治理作为全球治理的关键构成部分，与全球治理规范、制度和格局等要素之间的关系和联动是极为紧密的。随着参与全球海洋安全治理的主体愈发多元，海洋安全战略的数量多于以往任何一个时期，海洋安全实践的开展程度强于以往任何一个时期。在复杂因素的牵引下，全球层面的海洋安全战略与实践具有不同于以往的新特征与新态势。

其次，战略投入考量更为多样。全球层面的海洋安全战略投入，不仅仅是投入大量的资金来提升军舰的硬软件设施和战斗力，更要依托科技进步以提升数字化基础设施建设水平、以提升大数据安防和全域多态势作战能力。当今的海洋世界，海洋与内陆、国内与国际、海洋生物与海洋非生物的界线愈发模糊，海洋安全战略投入不能仅仅考虑某一方面或单一层面，而应当考虑战略制定和实施的全过程和全场域，使战略投入考量变得更为多样。

再次，战略目标设定更为现实。海洋安全战略目标设定与海洋实力现状、海洋安全利益诉求和海洋安全治理现实等更为契合，依托性和保障性更为明显。越来越多的海洋治理主体，会依据自身为全球海洋安全治理做出贡献的能力和可能，设定短期、中期和长期等三个时间段的战略目标，通过有效的安全实践以诉求务实的战略目标。

最后，战略收益估算更为直观。各主体在开展海洋安全实践与海洋具体行动前存在着成本与收益、风险与获益之间的比较，这种比较称为收益估算。美国等传统海洋强国，对于治理实践中可能面临的风险和挑战做出多维考量和收益估算后，往往会选择较为保守或者是守成式的战略选择，忽视全球海洋安全治理的新要求和新发展。中印等新兴海洋国家，对于开展海洋安全实践后所可能获得的收益做出多维考量和收益估算后，往往会选择更为开拓或者是创业型的战略选择，意愿助推和引领全球海洋安全治理的新要求和新发展。

第二，国内与国际、多边与单边、区域与全球、近海与远洋、近期与长期等全球海洋安全治理的考量因素更为复杂，且与全球气候变化问题、全球性贸易摩擦以及国际格局多维演变等议题之间的联动态势渐强。

首先，各主体特别是主权国家在制定和实施海洋安全战略、开展海洋安全实践行动等过程中，需要统筹考虑国内与国际因素。各主权国家既需要建立全国一体化的海洋管理体制，有效管理海洋发展问题，又需要确立本国参与全球海洋安全治理的战略考量、目标设定、利益诉求和收益估算等，国内与国际之间的多维联动是密切的且需要妥善处理的。

其次，主权国家在开展外交实践或者是确定行为模式时，需要妥善处理多边与单边的关系。过于单边主义不利于本国负责任海洋国家的形象确立、拓展海洋朋友圈和国际海洋合作的深入开展；多边主义可能面临一定风险与挑战，需要承担部分成本与责任等，这需要主权国家统筹权衡,做好战略认知与应对储备。

最后,海洋治理主体囿于区域海洋和国际海洋等复合地缘身份,在战略制定与实施进程中,往往会面临着区域导向与全球导向的问题,优先选项是以区域为首要还是着眼于全球。海洋力量配置、海洋战略投入、海洋利益诉求等在近海与远洋上的分配和设置等,是全球海洋安全治理主体需要妥善处理的。

(三)海洋安全治理状态失衡

全球海洋安全治理在意愿、机制、范式等方面的差异化愈发显著,各主体在资源投入、利益诉求、实践开展等方面的竞争性渐趋明显,全球海洋安全治理体系的聚合性、协调性、稳定性等均存在不足。

第一,有的国家坚持本国利益至上,奉行单边主义,采取双重标准,严重干扰了正常的国际海洋秩序,阻碍了全球海洋安全治理的深度开展。过去几年,愈演愈烈的贸易保护主义、持续发酵的民粹主义、闹剧不断的分离主义交迭出现,逆全球化势头强劲。2018年美国"特朗普主义"和"美国优先"战略推行以来,越来越多的国家选择实施"本国优先"的战略路线。海洋世界中大国博弈、利益摩擦、政治对垒以及权属争夺等愈演愈烈。在国际海洋秩序维持的过程中,需要处理的关系和因素非常复杂,全球海洋安全治理所面临的阻碍较多。

第二,海洋大国之间存在复杂的利益竞争与矛盾纠纷,大国协调机制和效果明显不足,严重制约全球海洋安全治理的制度性和有效性。大国协调是大国共同管理国际冲突与危机的多边安全机制,它主要通过会议外交和协商、共识来决策，并依据共有规则与规范行事。^① 在全球海洋世界，海洋大国之间的关系处理、利益协调和态势平衡等是全球海洋安全治理能够得以有效开展的重要条件。随着海洋战略价值的日渐凸显，海洋世界中"本国优先"的思潮盛行，一国追求本国海洋安全利益的意愿强烈、方式多样，彼此之间进行利益协调与妥协、开展安全合作的意愿不足，机制欠缺，实践不够，海洋安全治理中的大国协调机制存在很大的改进和提升空间。

第三，新兴国家之间存在明显的内部分化，利益协调与信任强化的难度不小，在推动全球海洋安全治理上的聚合力不够。新兴国家之间处理海洋安全利益争夺和确定海洋安全合作成果的基本方式是缔结海洋条约与协定，例如，印度尼西亚、马来西亚和新加坡等国在 2008 年签署的"海上和空中巡逻合作协议"，以此积极推动彼此之间的海洋安全事务协调。但是，条约与协定的强制效力较低，签署时效有界定。新兴国家往往与传统海洋强国之间在政治、经济、军事和安全等诸多方面有着多重联系，难免会受到海洋强国之间利益竞争与矛盾纠纷的牵扯和影响，导致新兴国家在开展海洋安全合作以及促进国际海洋新秩序建构过程中，同诉求和聚合力不足。

第四，全球海洋安全治理的安全投入与安全收益处于失衡状态，在公共产品供应和使用上存在"搭便车"和"私物化"^② 倾向。在海洋公共产品的产出过程中，各主体由于海洋问题的差异化，在提供公共产品的主观意愿上也存在不同。有的主体担心提供公共产品会对自身发展造

---

① 郑先武：《大国协调与国际安全治理》，《世界经济与政治》2010 年第 5 期，第 49—65 页。
② 崔野、王琪：《全球公共产品视角下的全球海洋治理困境：表现、成因与应对》，《太平洋学报》2019 年第 1 期，第 64 页。

成不利影响,或使其承担不必要的风险,因此选择使用他方提供的公共产品,即"搭便车"倾向。在海洋公共产品的使用过程中,由于各主体实力发展水平的差异化,有的主体会凭借在海洋秩序中的优势,按照发展意愿和利益诉求,最大限度地使用甚至独占海洋公共产品,即"私物化"倾向。这两种倾向会在很大程度上削弱海洋公共产品的"开放性"与"公平性"属性,不利于全球海洋安全治理的深度开展。

三、全球海洋安全治理应当采取的行动

当今世界,全球性问题错综复杂且变化多端,全球治理面临前所未有的挑战,全球治理理念优化与体系变革也处于新的历史起点上,① 全球海洋安全治理亦是如此。全球海洋安全治理新机遇与新挑战并显,全球海洋安全治理迎来了新的历史转折节点。全球各行为体需要从更新发展治理理念、开展多边实质协作、探索更实际的发展模式等方面,推动全球海洋安全治理的新发展。

(一)适时调整优化发展观念与治理理念

在全球海洋安全新态势下,各主体需要深化战略信任与相互协作、主动提升责任意识、强化海洋伦理观念,发展观念和治理理念应更契合全球海洋安全治理的当下现实和未来发展需求。

---

① 张宇燕:《全球治理的中国视角》,《世界经济与政治》2016 年第 9 期,第 4—9 页。

第一，海洋安全治理主体需要明白，海洋安全合作是新形势下的必然选择，合作式治理应当成为各方的普遍共识，共生性未来必然成为各方的共同需要。

海盗、海上恐怖主义袭击、海上跨国犯罪、海洋生态危机以及海上卫生疫病等海洋非传统安全问题日渐频发，各主体在新安全问题上的共同挑战不断增多，海洋安全合作尤为重要。非传统安全问题具有跨国性、动态性、流动性，单凭一主体无法妥善处理，海洋安全合作是应对非传统安全问题的最有效选择。"共生"不仅是国际社会的客观存在，而且是国际社会的基本存在方式。^① 在海洋非传统安全的视域下，海洋安全治理的各要素和各主体原本就处于一个共存共生的体系之内。国家、组织、人、海洋生物和海洋非生物等海洋多元主体群落，各方之间的联结很多是先定的、不可分割的，在共同威胁的冲击下，各主体间的共生性是愈发凸显的。

第二，各主体需履行与自己地位相称、与实力相符的国际义务，在制定海洋安全战略时必须承担相应的国际责任，在开展海洋安全治理实践时必须体现国际道义。

全球海洋安全治理的深度开展，需要那些有能力、有意愿、有行动的主体，依托实力发展现实，履行与地位相称的全球海洋安全治理义务。赫伯特·哈特（Herbert Hart）将责任分为角色责任、能力责任、因果责任与义务责任等四个类型。^② 在制定海洋安全战略和开展海洋安全实践的过程中，首先，各主体需要切实承担角色责任。譬如，联合国五大常任

---

① 金应忠：《国际社会的共生论——和平发展时代的国际关系理论》，收录于任晓主编：《共生——上海学派的兴起》，上海：上海译文出版社 2015 年版，第 59—81 页。

② H. L. A. Hart, *Punishment and Responsibility: Essays in the Philosophy of Law* (Oxford: Oxford University Press, 1968), pp. 211–230.

理事国需积极推动联合国在全球海洋安全治理中的重要作用，发挥《联合国宪章》和《联合国海洋法公约》的效力，推动联合国各海洋机构的实际效应的发挥。其次，各主体需要切实承担能力责任。作为世界航运大国，国际海事组织 A 类理事国应该促进国际海事组织在维护海上安全、防止船舶污染和便利海上运输等方面作用的切实发挥，承担应当的能力责任。再次，各主体需要切实承担因果责任。2010 年 4 月 20 日，"深水地平线"钻井平台发生系列爆炸，造成大量漏油，导致墨西哥湾地区面临前所未有的生态灾难。灾难的责任界定到目前没有完成，给全球海洋生态环境所造成的冲击仍在延续。各主体应当以此为鉴，努力避免此类事件，积极承担相应的因果责任。最后，各主体需要切实承担义务责任。各主体开发海洋资源以获得经济价值，利用海上通道以获得航运便利，掌握海洋权力以获得战略优势，谋求海洋利益以获得发展红利。在这些过程中，收益是显而易见的，挑战是客观存在的，义务是不可忽视的需要各主体积极主动地承担义务责任。

第三，各主体应主动强化海洋伦理观念，在海洋事业发展和海洋安全实践中注重代际平衡，追求海洋可持续发展。《文子·上仁》有言："不涸泽而渔，不焚林而猎。"意为不要排尽池中之水而捕鱼，不要烧完整个森林而打猎，这样是只顾眼前、不做长远打算的，是不利于可持续发展、更不利于代际平衡的。随着人类对海洋能源资源的需求性和依赖性的不断增强，人类开发利用海洋能源资源的程度不断加深，与此同时，人类不合理的、超强度的活动对海洋生态环境造成的破坏也在不断加剧。海洋生态环境恶化、海洋生物多样性锐减、海洋生态环境负面效应日渐凸显等，既直接威胁当代人的生存和发展利益，又对后代人的未来可持续发展造成累积性威胁，不利于代际平衡。

各主体应主动强化海洋伦理观念。首先是海洋治理公平观念，全球海洋的连通性和不可分割性决定海洋的利用和治理具有先天的开放性特征，海洋治理需要公平观念。发达国家和发展中国家都有其海洋发展的利益诉求和空间要求，因此，海洋治理问题的解决，单靠发达国家是无法妥善解决的，发展中国家在全球海洋安全治理中的角色和地位不容忽视。其次是海洋治理对未来世代的义务观念，海洋资源总量是有限的，当代过多的或者不加节制的开发利用，会给未来世代留下"债务"，不利于人类社会的可持续发展，海洋领域的"代际公平"极为重要。

各主体应追求海洋可持续发展。2015 年联合国大会第 70 届会议通过的《2030 年可持续发展议程》，提出今后 15 年实现 17 项可持续发展目标，第 14 项目标是保护和可持续利用海洋和海洋资源以促进可持续发展。2017 年 6 月，为了推进这一目标的实施，联合国海洋大会召开，代表着海洋治理与可持续发展的高度融合，标志着海洋可持续发展理念的进一步巩固和发展。为了实现这一可持续发展目标，必须提升全球性海洋合作的深度和广度，完善海洋领域发展模式。

（二）不断强化战略互信与深化安全合作

战略信任是协同行动的基础和需要，安全合作是秩序建构的路径和选择。在全球海洋安全治理的未来行动之中，各行为体之间需要不断强化战略互信，开展协同性的安全治理行动，建构国际海洋安全新秩序。

第一，战略互信是海洋安全治理得以实现且平衡开展的重要条件，在战略制定与实践开展的过程中，各主体应当建立基本的战略信任，追求同频共振，在海洋争端问题上保持积极磋商，建立争端沟通管控机制。

维护国家主权和国家利益不再是海洋治理的唯一价值，不同价值和理念的冲突的解决需要调和不同主体的利益和诉求，最大限度地在不同利益攸关方之间形成共识。东盟国家意识到海上安全的不可分割性和在海上安全议题上加强合作的重要性，2003 年东盟以《东盟协调一致第二宣言》为标志步入了构建"共同体"的新阶段，强调东盟国家就海洋安全议题展开合作应成为建设"东盟共同体"的重要推动力量。此后，东盟出台一系列海上安全规范并开展海上安全合作，在全球海洋安全治理中的作用不断凸显。由此可见，在战略信任的基础上，不同主体可以凝聚价值共识，确立共同的战略目标，开展协同的战略实践。

随着全球海洋事务的多维发展，全球性海洋危机日渐多发。世界各国拓展本国海洋权益、合作以应对共同性的海洋危机等的意愿、诉求、能力和实践等强化，海洋危机沟通管控的重要性愈发凸显。全球海洋事务的平衡发展和全球海洋治理的协同推动，需要危机沟通管控机制的建立与效力发挥。可建立世界海洋危机沟通管理委员会，加强与国际海事组织、联合国大陆架界限委员会、国际海底管理局和国际海洋法法庭等机构的交流与合作，在联合国框架下开展实践活动，提升全球海洋事务的协调与危机管控能力。

第二，在解决周边海洋争端问题上，应保持冷静态度，避免采取过激措施。区域性海洋争端尽可能区域内部协商寻求和解与合作。基于历史与现实的多重考量，国家利益可以与区域利益和国际利益是可以共生共存的。鉴于海洋的开放性与流动性，海洋事务的全球联动已成基本现实。海洋国家兼具区域与全球的地缘位置，其海洋战略视野和战略力量投送需要权衡区域与全球的关系。特别是对于同处一片海域的国家来说，海洋安全合作是其海洋事业稳定发展的必要条件。周边外交是维护本国海洋安全利益的关键，中国应秉持"奋发有为"的外交理念，避免在周边海洋争端中陷入被动应对的不利处境。①

第三，在应对共同的海洋安全挑战问题上，应寻求安全合作，实现协同联动，共求解决方案，开展实质有效的共同行动，一道致力于构建公正、合理、可持续的国际海洋安全秩序。譬如，中日韩之间的海洋安全合作，应促进中日韩现有双边和三边安全合作机制之间加强互动与协作，凝聚共识、整合力量、提升效力。三国应就海域内实质性争议问题进行磋商和谈判，以获得新的阶段性共识并为最终解决问题创造基础。中日韩三国无论是政府、学界还是民众，均应明确认识到，基于历史与现实的因素，在理性考虑下，中日韩应该努力增强海洋安全合作，尽力消散海洋争端的矛盾与不快，寻求中日韩海洋和解与合作的理念与正确出路才是三国切实需要做好的。②

（三）探索更多元联动的发展与治理模式

未来，国际社会需要在联合国框架下深化全球海洋治理与合作，各行为体聚合共同意愿，开展协同性行动，对海洋安全问题进行整体性综合性治理，建构包容和谐的国际海洋安全新秩序，谋求海洋共存、共生、共享的美好未来。

第一，建立并完善联合国框架下的全球海洋安全治理体系，依据实际需要适时制定《联合国海洋法公约》专门的补充协定，在条件许可的

---

① 金新：《东亚海洋安全：秩序演化与治理困境》，《东亚评论》2020 年第 1 辑，第 128 页。
② 吴昊：《中日韩海洋安全事务与合作》，《江南社会学院学报》2020 年第 2 期，第 40 页。

情况下可建立"世界海洋组织"①，对全球海洋安全问题进行整体性治理。

当今世界的全球海洋安全治理体系的构建与完善，是在联合国框架下进行的。我们应当充分重视联合国、联合国各机构以及由此建设的全球机制等的作用，充实其作用。《联合国海洋法公约》作为权力妥协、利益调和的产物，不可避免地存在规范不够、效力不足的问题，应当根据全球海洋事务的新进展新态势，依据全球海洋安全的新威胁新问题等，适当制定新的补充协定，及时地查漏补缺、提升性能。可建立联合国海洋生态环保法律事务委员会，聚合世界各国海洋环保法律力量，加强与国际海事组织海上环境保护委员会（MEPC）的协调与互动，提升海洋大气与生态环保质量。依据全球海洋事务发展的现实和需要，在统筹考虑各方需求和意愿的基础上，可建立全球海洋治理的专门性机构——"世界海洋组织"，统领全球海洋治理实践，对全球海洋安全事务中的即时性和潜在性问题进行整体有效的治理。

第二，建立公正、合理、可持续的国际海洋安全秩序，即塑造既能被海洋发达国家信任并广泛参与，又能满足海洋发展中国家所期望的海洋安全秩序和海洋治理格局，努力实现海洋大国与小国之间的公平。

国际变局时代，国际事务正在经历多维态势变迁，海洋世界的力量格局转变，国际海洋秩序的调整必要增强。在主客观条件的耦合作用下，建立公正、合理、可持续的国际海洋安全秩序的重要性凸显。当然，重塑国际海洋安全秩序的难度极大、成本太高、风险很多，所以对现今海洋安全秩序中的不合理因素和不规范之处进行适当调整，方为最为合适

---

① 杨泽伟：《新时代中国深度参与全球海洋治理体系的变革：理念与路径》，《法律科学》（西北政法大学学报）2019 年第 6 期，第 178—188 页。

有效的选择。应塑造被海洋发达国家信任并广泛参与的海洋安全秩序，既海洋发达国家的权力权势不被过分束缚、满足他们在海洋世界中的话语分量和角色形象要求；建构满足海洋发展中国家所期望的海洋治理格局，将海洋发展中国家的话语诉求和发展意愿纳入海洋治理格局之中，释放出足够空间以满足海洋发展中国家的权力增长需求。

第三，推动大国协调机制的效力提升与动能强化，促进新兴国家之间的意愿整合与利益协调，促进海洋安全事务各主体在海洋治理理念、模式与状态上实现紧密联动和协作共赢。

各海洋大国应当树立利益妥协的理念，在遇到新的海洋问题，特别是海洋安全利益竞争时，应通过会议外交进行协商、谈判和讨价还价，最终达成利益妥协。各海洋大国应当树立现状偏好的理念，在全球海洋安全治理的现有框架下，加强协作和信任，强调价值共识和合作实践的重要性。各海洋大国应当树立信守规则的理念，坚持和维护海洋世界现有的治理规则和发展规范，努力提升全球海洋安全治理的制度性和规范性，提升海洋治理规则的遵守自觉性和积极性，进而提升海洋大国协调机制的效力和动能，给予全球海洋安全治理切实引领。

新兴国家处于国家实力持续增强、外交格局拓展和安全利益诉求的阶段，在表达海洋安全话语诉求和开展海洋安全治理实践的过程中，意愿分散化、诉求差异化、方式多样化，这不利于新兴国家海洋权力的合理性和持续性增长。新兴国家只有团结一致、聚合意愿、协同行动，才可能在全球海洋安全治理格局中确立角色地位、表达合理诉求并实现自身目标。

四、中国的角色定位与策略选择

当前，中国深度参与并实质引领全球海洋安全治理，既符合中国发展的国家现实需要，也符合国际社会对中国的需求与期望。中国需要找准国家定位、合理表达主张、拓展深度广度、引领未来走向。

2016 年 12 月，第 71 届联大举行议题为"海洋和海洋法"的会议。中国常驻联合国副代表吴海涛在发言时表示，《联合国海洋法公约》为各缔约国开展海洋活动提供了综合法律框架和基本依据，对各国在和平利用和保护海洋方面的权利与义务已作出平衡规定。各方应秉持公约的宗旨和原则，善意、准确、完整地理解和使用公约及其争端解决机制，避免滥用公约条款。作为发展中海洋大国，中国将始终做国际海洋法治的维护者、和谐海洋秩序的构建者、海洋可持续发展的推动者。[①] 同时，中国应就海洋规则的发展和完善提出自己的要求和建议，实现由海洋规则的维护者到引导者的转换。[②]

正如中国在此次新冠疫情中所表现出的勇于担当国际责任、敢于承担国际道义的大国风范，政治领导力、思想引领力、群众组织力和社会号召力等大国能力，正是全球海洋安全治理平衡发展的迫切需要。中国针对海洋安全治理的主要原则包括：一是海洋安全治理的目标在于实现海洋的和平与发展，其基础是构建公正、合理、可持续的海洋安全秩序；

[①] 《中国代表呼吁建立和维护公平合理的海洋秩序》，中国法院网，2016 年 12 月 8 日，https://www.chinacourt.org/article/detail/2016/12/id/2366927.shtml。

[②] 金永明：《新时代中国海洋强国战略治理体系论纲》，《中国海洋大学学报（社会科学版）》2019 年第 5 期，第 29 页。

二是强调海洋安全治理的和谐内涵，需要理顺人类与海洋之间的关系，海洋安全治理主体之间要实现战略信任和关系和谐；三是通过合作的方式来共同应对海上安全问题，谋求海洋共生性未来。因此，中国需要有步骤、有层次地参与和引领全球海洋安全治理，尽可能地促动全球海洋安全信任与合作，推动国际社会共建"海洋命运共同体"。中国应采取以下措施。

第一，基于全球海洋安全治理面临的新机遇和新挑战和中国特色社会主义新时代的发展要求，中国需实现海陆统筹、兼顾国内与国际、做好维稳与维权，实现中国海洋战略与实践的切实发展。

中国作为一个海陆复合型大国，在制定和实施国家战略，特别是国家海洋战略时，必然要考虑海陆与内外多方面因素。在海洋强国战略的推动下，中国海洋发展理念已逐渐得到现代化多元发展，海洋发展战略与实践愈发务实。接下来，中国需要转变以陆看海、以陆定海的传统观念，坚持"海陆统筹、海陆联动"的方针，陆海之间形成"发展共同体"，建立综合且全面的发展体系，对于发展过程中所可能出现的各种挑战，要有策略和能力来妥善处理。中国在开展海洋安全实践和拓展海洋外交的过程中，需要处理好维稳与维权的关系，既保障本国海洋事业的可持续发展，又保障本国应当海洋权益的创造性拓展，以维权保维稳，以维稳促维权。

第二，积极发展海洋综合实力，实现海洋硬软实力和话语权的全面提升，追求国家海洋政治、经济、文化、科技、安全及外交的平衡发展，完善"海军+海警"全域作战体系，保持充分的战略底气与战略自信。

当今的国际权力较量已不再依靠单一要素，而是依靠硬软实力要素的综合较量。中国发展海洋实力，既要发展海洋经济、海洋军事、海洋科技等海洋硬实力，又要发展海洋文化、海洋战略、海洋外交等海洋软实力，聚合国家发展的优势和力量。① 而且，在海洋军事发展的新时代，中国特色的海岸警卫队系统的建立和完善具有现实需要。不断加强中国海岸警卫队建设，增强海军与海警在空海天电网等全域合作与协同行动，进而增强中国管理本国海洋事务、发展海洋事业、拓展海洋外交以及深度参与全球海洋安全治理的战略底气和战略自信。

第三，在国际社会中团结治理理念和安全利益的高度契合者和志同道合者，做大做强全球蓝色伙伴关系网络，广泛推行以"海洋命运共同体"为国际海洋新规范的治理方案。

蓝色伙伴关系是"全球伙伴关系"在海洋领域的延展，以"人类命运共同体"理念为基础，是中国积极参与全球海洋治理的重要抓手。在今后的战略制定与实践开展中，中国需要设立常态化、成熟化的蓝色伙伴关系合作论坛机制，以作为蓝色伙伴关系构建的政治基础；切实发挥中国进出口博览会的积极效应，以作为蓝色伙伴关系构建的经济平台；积极推动民间交流与互动，顶层外交与"二轨外交"充分结合，以真正增强蓝色伙伴关系构建的保障条件。② 中国应构建全球性蓝色伙伴关系网络，团结所有的治理理念和安全利益的高度契合者和志同道合者，拉动全球性多领域深层次的海洋安全信任与合作，促进全球共同追求"海洋命运共同体"的目标实现与现实建设。

第四，坚持底线思维，坚定维护本国应当的海洋安全利益，任何对中国海洋安全利益构成威胁的个别国家或组织的政策和行为，必须进行

---

① 孙凯、吴昊：《关于构建中国海洋话语权的思考——以南海"981"钻井平台事件为例》，《中国海洋大学学报（社会科学版）》2017年第1期，第23—29页。

② 姜秀敏、陈坚、张沭：《"四轮驱动"推进蓝色伙伴关系构建的路径分析》，《创新》2020年第1期，第1—11页。

必要而及时的反击。中国应积极采取有限性竞合策略，灵活运用斗争思维，与主要战略竞争对手保持斗而不破的总体态势。

中国对本国合理的海洋安全利益诉求和话语格局要求，需有明确的界定和心理认知，并在合适场合以合适方式向国际社会清晰明了地表达出来，创造性地传递中国话语，这可以在很大程度减少国际社会对中国的无端揣测、减少"中国海洋威胁论"的发酵条件。任何将中国作为其海洋安全战略指涉对象和假想敌人的国家，中国应当给予足够的战略关注，通过合理而有效的方式，尽可能地消解战略竞争和利益争夺，同时也需要对其侵害中国海洋权益的行为给予必要而及时的反击。考量本国实力进阶和国际格局的现实，中国应该采取有限竞合策略，将竞争控制在可控范围之内，将合作提升到理想高度之上，以合作消解竞争，以竞争促进合作，寻求最为有效的竞合并行模式。

第五，在与国家能力相匹配和发展现实相契合的前提下，尽可能地提供全球海洋安全治理需要的公共产品，彰显中国作为负责任发展中海洋大国的风范；不断增强中国在有关全球海洋安全治理体系国际条约规则制定过程中的议题设置、约文起草和缔约谈判能力等。

鉴于当前全球海洋安全治理公共产品供应中的"搭便车"和使用中的"私物化"倾向，中国应当在与国家能力相匹配和发展现实相契合的前提下，尽可能地提供全球海洋安全治理所需要的公共产品。特别是提供国际海洋安全治理机制性能强化和国际海洋法更新过程中所需要的公共产品，积极推动"国家管辖范围以外区域海洋生物多样性养护和可持续利用国际协定"政府间谈判的顺利进展，彰显中国负责任发展中海洋大国的风范。在《联合国海洋法公约》条款更新以及国际海洋法新约文的起草过程中，中国应该成为海洋新兴国家的代表和发言者，使新的国际海洋规范能够照顾新兴国家的诉求，促进国际海洋秩序的平衡。

总之，中国需要稳妥选择深度参与并实质引领全球海洋安全治理的方略和路径，尽可能地争取更大的制度性话语权，使之与中国的贡献相匹配，保障中国海洋战略的真正实施。同时，维护全球海洋安全格局稳定，促进全球海洋和平与发展，推动国际社会共建"海洋命运共同体"。

五、结语

随着世界事务的纵深发展，全球海洋事务及其治理迎来新的战略机遇期，全球海洋安全事务及其治理亦面临新的机遇与挑战。全球海洋安全问题呈现传统安全问题尚未妥善处理、新型安全问题却已交迭而至的局面，特别是海洋新安全问题往往是跨境性、全球性地快速蔓延，解决难度和成本在不断提升。不断激增的海洋安全和发展问题，已远远超过某个国家或某几个国家所能有效应对的范畴，亟须国际社会通力合作，全球海洋安全治理机遇与挑战并显。中国需要在客观把握全球海洋安全治理发展现实的基础上，分析在国际变局时代、在国际秩序新转变的背景下全球海洋安全治理面临的新机遇和新挑战，力争深度研判国际社会推动全球海洋安全治理所需要树立的正确理念和需要开展的实践活动，在"海洋命运共同体"理念的指导下，稳妥选择中国参与并引领全球海洋安全治理的方略和路径。

推动构建海洋命运共同体的思考

冯　梁*

2019 年 4 月 23 日，习主席在接见参加中国人民解放军海军成立 70 周年系列活动的外国海军代表团时，正式提出构建海洋命运共同体的倡议。这是中国领导人在提出人类命运共同体理念时隔几年后①，再一次就世界发展问题提出新倡议，具有鲜明的时代特征、重大的理论价值和现实指导意义。

一、海洋命运共同体理念具有鲜明的时代特征

习近平同志提出的构建海洋命运共同体理念，是在世界海洋战略格局发生重要调整、海洋形势趋于严峻复杂、海洋治理面临曲折变化的背景下提出的，具有鲜明的时代特征。

---

　* 冯梁，南京大学中国南海研究协同创新中心副主任、教授、博士生导师。

　① 命运共同体理念历经不断完善过程。一般认为，人类命运共同体理念发轫于 2013 年 10 月 24—25 日在北京举行的中国周边外交工作座谈会，在此次会议上，习近平同志提出，要让命运共同体意识在周边国家落地生根。2015 年 9 月 28 日，习近平同志在第 70 届联合国大会一般性辩论时，正式较为完整地提出并阐述了人类命运共同体的理念。2017 年 1 月 18 日，习近平同志在联合国日内瓦总部发言，对人类命运共同体理念作了进一步阐释。

（一）海洋命运共同体理念产生于海洋战略格局发生调整的时代

当前，世界战略格局正在发生深刻调整①，全球海洋事务正在发生深刻变化，海洋战略格局也在酝酿演变。避免海洋战略格局发生突变，促进海洋形势朝着和平安宁方向发展，促进海洋的可持续利用，关乎世界海洋和平稳定与各国人民福祉，需要给出明确答案。

世界海洋战略格局是伴随世界战略格局变化而不断演变的。如果说，二战以来的世界战略格局经历了三次重要变化，那么，世界海洋战略格局基本上也经历三次重要调整，只不过，海洋战略格局的形成变化，通常迟滞于世界战略格局，各个阶段内容不同，特点各异。

第一阶段是冷战时期。世界战略格局进入以美苏两个超级大国争霸的冷战时期，海洋战略格局也形成美苏两个超级大国及其两大阵营的"两极格局"。突出表现在：海洋竞争主要表现在军事领域，核心是海洋控制权，先是美强苏弱，后是苏联奋起直追，双方几成均势。海洋军事竞争互有得失，美国稍占上风。初期，美国依托强大的海军力量和北约的集团优势，在海洋军事领域对苏占据绝对优势。苏联受古巴导弹危机期间遭美海军围困之辱刺激，在海军司令戈尔什科夫"对岸为主"战略的指导下，优先发展海军力量，至 70 年代初，与美在太平洋形成均势。1979 年，苏联入侵阿富汗，企图打通进入印度洋的陆上通道，

---

① 关于世界战略格局和国际秩序，可参见，苏格主编：《国际秩序演变与中国特色大国外交》，北京：世界知识出版社 2016 年版；李慎明：《全球化背景下的中国国际战略》，北京：人民出版社 2011 年版；陈玉刚：《国际格局演变与中国的全球战略和角色》，《当代世界》2017 年第 9 期；韩立群：《五大趋势加速国际战略格局调整》，《瞭望》2017 年第 2 期；等等。

对美国海洋霸主构成威胁。1982 年，美国海军提出"海上战略"，强调海上方向是美国军事战略的优先方向，推出 600 艘舰艇计划，强调战时要控制世界 16 个咽喉要道，至此，美苏海上争霸达到顶峰。

第二个阶段是冷战结束至奥巴马政府后期。伴随苏联解体和冷战结束，世界战略格局进入"一超多强"时期，美国占据世界主导地位，成为世界海洋唯一霸主。突出表现在：美国控制世界蓝水海域，任何国家都无力挑战美国海洋霸主地位；海洋军事竞争逐渐退居次要地位，海洋非传统安全威胁呈上升趋势；海洋斗争从"蓝水"转向"绿水"，美国企图从海上对陆上战略态势施加影响，其维护霸权行动一度在海洋领域屡屡得逞；沿海国家维护海洋主权和安全的意识空前高涨，竭力抵制和反抗来自海上的胁迫行为，控制与反控制、胁迫与反胁迫斗争呈上升趋势；新兴国家海上力量发展迅猛，维护海洋权益的能力快速提高，在世界海洋事务中逐渐形成新兴力量。

第三个阶段始于特朗普政府并延续至今。战略力量发生重大变化，世界战略格局酝酿重大调整：一是世界主要战略力量之间差距进一步缩小，大国战略博弈有所加剧。美国保持世界老大地位，但新兴国家综合国力不断增强，中国 2019 年 GDP 达到 99.0865 万亿元，按照人民银行全年平均汇率 7.013 计算，GDP 和人均 GDP 分别是 14.13 万亿美元和 1.01 万美元。[①] 印度等一批国家奋起直追，后发国家呈群体性崛起之势。美国深感世界老大地位难保，在其《国家安全战略》《国防战略》中，将中、俄视为主要战略竞争对手，美俄、美中之间战略博弈不断上升。二是国际秩序濒临乱局边缘。美国推行"利益第一""美国优先"

---

① 国家统计局：《中华人民共和国 2019 年国民经济和社会发展统计公报》，2020 年 2 月 28 日，国家统计局网站，http://www.stats.gov.cn/tjsj/zxfb/202002/t20200228_1728913.html。

原则，频频退出国际组织；暂停《中导条约》，违背《外层空间条约》，放弃伊核协议，放弃多边主义，推行单边主义，导致以世界贸易组织为代表的国际组织处于停摆状态。美欧之间也是龃龉不断，国际协调机制面临严峻挑战。因大国协调严重不足，类似伊朗核问题、巴以问题、叙利亚问题、利比亚问题等地区性问题不断恶化，部分地区局势持续动荡，且短期内还找不到答案。

海洋战略格局也处于演化中。一方面，海洋成为国家可持续发展新的战略空间，沿海国家加强经略海洋力度，提升海洋科技能力，加强海军力量建设，海洋后发国家崛起迅速，对海洋事务的影响力不断增长，但管理国际海洋事务缺乏经验，引领海洋秩序发展的思想性和驱动力不足；另一方面，西方海洋大国治理海洋的意愿严重消退。美国为了保全海洋霸主地位，在海洋事务中采取霸凌政策，恣意推行航行自由行动，海洋规则采取双重标准，利用话语权优势抹黑他国，甚至采取胁迫手段迫使相关国家选边站。而多数西方大国为国内事务所累，无暇顾及公共海洋事业，全球性海洋事务中的棘手问题少人问津，海洋公共安全濒临"失序"边缘，世界海洋秩序面临重大挑战。

在这种背景下，中国政府提出海洋命运共同体的倡议，旨在倡导多边主义与国际主义，加强国际协调和多边合作，推进联合国主导下国际海洋秩序重构，为恢复海洋正常秩序做出贡献。

（二）海洋命运共同体理念催生于世界海洋安全形势严峻复杂的时期

世界海洋安全形势是世界海洋安全领域总体状况和发展变化的总

和。冷战期间，超级大国之间的海洋争霸，是导致世界海洋形势紧张和局部海域动荡的根本原因。因古巴导弹危机而起的海上威慑和海上封锁，差点酿成美苏之间的世界大战。冷战结束后，虽然美苏发生大规模海上战争的可能性可以排除，但因地区争霸而起的海上局部战争不断。利比亚危机（1986 年）和海湾战争（1991 年），引发中东地区和利比亚国内局势动荡，至今还对海湾地区、北非海域产生巨大负面影响。

苏联解体后，美国控制了世界蓝水海域，世界大洋暂时远离战争，但新的问题又出现了：一方面，海洋安全内涵从冷战时期主要指军事领域，向非军事领域转变，使得海洋安全形势也因海洋政治、海洋经济、海洋外交、海洋环境等因素的加入而变得更加复杂化。国家之间的海洋斗争不再局限于军事，几乎覆盖了海洋所有领域，海洋安全是一个高度集成的综合安全，海洋安全形势也受到海洋诸领域安全问题相互作用的影响；另一方面，沿海国围绕岛礁主权、专属经济区和大陆架主权权益展开的斗争日益激烈，成为影响海洋安全形势的重大问题。进入 21 世纪以来，不断发展的海洋科技革命，又使蕴含重要战略资源的深海、极地问题成为各国高度关注领域。如果说，海洋权益斗争属于国家海洋主权的安全问题，那么，深海、极地、大洋斗争涉及海洋的可持续发展，海洋国际规则与海洋战略制高点，属于国家海洋发展利益的安全问题。值得关注的是，海洋安全形势还因海洋国家的群体性崛起而发生着深刻变化。海洋后发国家在涉及海洋发展利益和海洋国际规则上陆续发出的呼声，使得传统西方大国面临着保持海洋垄断地位的巨大压力。个别国家为了达到海洋领域的持久统治，开始对海洋后发大国挥舞"大棒"，大国之间海洋战略博弈开始显现，且战略博弈的综合性复杂性超过以往任何时期。问题的叠加产生与交叉作用，不仅严重影响了相关国家的海洋安全，危及地区海域和平稳定，而且对世界海洋安全局势带来了较大风险。

在这种背景下，中国提出构建海洋命运共同体倡议，目的是要打破相邻国家海洋权益争端的魔咒，探寻一条海洋资源合作开发、海洋邻国和谐共处的新路；摆脱海洋新兴疆域"弱肉强食"局面，走出一条世界各国共享海洋发展利益的新路；避免海洋新兴国家与海洋传统帝国之间的海洋战略竞争，探寻一条共商、共存的新路。

（三）海洋命运共同体理念孕育于全球海洋治理处于艰难的时刻

2015 年 9 月，联合国"可持续发展峰会"在纽约通过《2030 年可持续发展议程》。这是联合国继 2000 年 9 月提出千年发展目标到期之后，提出的指导 2015—2030 年全球发展的工作纲领。此议程共提出 17 个可持续发展目标，其中，第 14 项是"保护和可持续利用海洋及海洋资源以促进可持续发展"[①]。这意味着，保护海洋、确保海洋资源的可持续利用、促进海洋可持续发展，已成为世界性议题。对世界各国而言，摒弃传统思维，加强彼此合作，推动全球海洋治理，已成为紧迫需要。

令人担忧的是，海洋可持续发展以及与之密切相关的全球海洋治理面临的形势并不乐观：一是大国之间海洋战略博弈呈不断上升之势，大国协调机制面临受到冲击。海洋新兴国家不断崛起，对传统海洋霸主构成挑战，引发后者的普遍焦虑、疑惧，传统霸主国家运用强大的海洋军

---

① UN, Sustainable Development Goal 14: Conserve and sustainably use the oceans, seas and marine resources for sustainable development, https://sustainabledevelopment.un.org/sdg14#.

事优势，在海洋军事、海洋经济、海洋科技等多个领域，伙同甚至强迫联盟国家参与对新兴国家施压和制裁，海洋控制与反控制、遏制与反遏制斗争激烈。其结果，严重冲击了联合国框架下的大国协作机制，削弱了国际社会应对复杂全球性海洋问题的能力。二是全球性海洋问题不断涌现，国际社会应对乏力。海洋是全球气候变化的"调解器"，各国不断排放二氧化碳，引发全球气温变化，海平面上升，海上自然灾害凸现，小岛屿国家面临生存危机；一些国家在国际公海恣意进行捕捞作业，非法的、未经报告的、未受管制（IUU）的捕捞屡禁不止；各国竞相向大洋索取资源，海洋生物资源日益枯竭，海洋生物多样性遭受破坏，海洋生态环境急剧恶化。此外，海洋微塑料、海洋保护区、"海域感知"下国家管辖海域的信息保护①、海洋环保等问题日益凸现，对各国海洋可持续发展带来负面影响。一些大国将本国利益置于首位，不愿甚至拒绝承担国际责任，致使海洋治理面临窘迫局面，国际组织几乎停摆，协作机制几近空转，全球性海洋问题少人问津，海洋可持续发展目标面临"落空"危险。三是围绕深海大洋等"人类共同继承财产"开发保护是当今国际海洋事务领域的热点和重点问题之一，深海采矿规则正在制订，需要中国深度参与引导新规则制订。依据《联合国海洋法公约》，沿海国在200海里专属经济区和200海里外大陆架范围内享有主权权利，国家管辖范围外的深海海底及其资源，属于全人类的共同继

---

① 2004年12月，美国总统布什签署国家安全总统指令41号令和国土安全总统指令13号令，要求美国国土安全部、国防部、司法部对通过情报、监测、侦查、导航系统和其他手段获取到的态势信息融合集成，形成海上综合态势图，尽早并尽可能远地发现海上安全威胁，采取应对措施。据此，美国政府启动海域感知国家计划（national plan to achieve maritime domain awareness, MDA）。海域感知国家计划实施十余年来，美国在一些国家近海海域进行数据采集活动但又不与沿海国分享成果的做法，遭到了绝大部分发展中国家的反对。相关内容可参见：卢峰、杨志霞、徐歌：《美国海域感知计划关键技术》，《中国电子科学研究院学报》第14卷第7期。

承财产，由于各国海洋科技实力差别巨大，大洋利用和深海开发几乎成为发达国家的"专利"，海洋科技落后国家只能望"洋"（人类的共同继承财产）兴叹，南极开发利用也只能成为良好愿望①。国际社会面临的一个棘手问题是：既要保护发达国家开发深海极地的积极性，以更好地服务国际社会，又要防止发达国家利用技术和规则优势变相掠夺"人类的共同继承财产"，更好地维护海洋落后国家的利益，进而避免在"人类的共同继承财产"开发保护上再起新的争端。

避免海洋大国之间的恶性竞争、促进世界海洋的可持续发展、确保人类的共同继承财产为全人类所享用，需要制定更加公正、公平、合理、科学的规则制度。在这种背景下，全球海洋治理，无论是理念、思路还是规则、内容，都需要做出新的反思和新的调整。中国政府及时提出海洋命运共同体理念，旨在规范各国海洋行为，避免海洋大国恶性竞争，促进海洋可持续发展，维护发展中国家利益，为全球海洋治理提供正确导向。

二、海洋命运共同体理念具有重要的理论价值和指导意义

全球性海洋问题不断涌现，全球海洋治理迫在眉睫。中国政府提出的海洋命运共同体理念，既秉持了人与自然和谐相处的客观要求，又继

---

① 依据《南极条约》体系，南极大陆及其附近海域近似于人类共同继承财产，国际社会为推动南极保护、和平利用南极，不断作出新的努力。《南极条约》第四条第二款，在本条约有效期间所发生的一切行为或活动，不得构成主张、支持或否定对南极的领土主权的要求的基础，也不得创立在南极的任何主权权利。在本条约有效期间，对在南极的领土主权不得提出新的要求或扩大现有的要求。

承了和谐海洋的思想传统，直面海洋治理中的现实问题，具有重大的理论价值与现实指导意义。

（一）和谐海洋理念的传承发展

从理论上看，海洋命运共同体倡议不是一蹴而就的，而是有深厚的理论基础。早在 2005 年，中国国家主席胡锦涛在联合国成立 60 周年首脑会议上，发表题为《努力建设持久和平、共同繁荣的和谐世界》的重要讲话，首次提出"和谐世界"理念。2009 年 4 月，胡锦涛在中国人民解放军海军成立 60 周年接见多国海军代表团团长时指出："加强各国海军之间的交流，开展国际海上安全合作，对建设和谐海洋具有重要意义。"强调中国海军将"本着更加开放、务实、合作的精神，积极参与国际海上安全合作，为实现和谐海洋这一崇高目标而不懈努力"[1]。从而把和谐海洋作为推动建设和谐世界的一个重要内容。时隔十年后，中国政府再次提出海洋命运共同体倡议，不仅是中国政府对人类命运共同体理念的深化，更是和谐海洋理念的传承和发展。

从传承角度看，海洋命运共同体与和谐海洋一样，均继承了中华民族"和为贵""己所不欲、勿施于人"的传统理念，继承了中国和平发展理念，表达了中国政府愿与世界各国一起，共同维护世界与地区和平稳定的意愿。它也继承了中国国防政策的防御性质，即"不论现在还是将来，不论发展到什么程度，中国都永远不称霸，不搞军事扩张和军备竞赛，不会对任何国家构成军事威胁。包括中国人民解放军海军在内

---

[1] 《胡锦涛会见 29 国海军代表团团长》，《人民日报海外版》2009 年 4 月 24 日第 1 版。

的中国军队，永远是维护世界和平、促进共同发展的重要力量"①。中国建设强大海军的根本宗旨，是为了捍卫国家在海上方向的主权、安全和发展利益，中国不会侵犯他国，即使中国海军将来强大了，也不会寻求海上扩张政策。

从发展角度看，海洋命运共同体与和谐海洋的思想是一脉相承的。胡锦涛在 2009 年指出，"推动建设和谐海洋，是建设持久和平、共同繁荣的和谐世界的重要组成部分，是世界各国人民的美好愿望和共同追求"②，体现了中国与其他国家人民一起共同推动海洋可持续发展的决心。10 年来，世界战略形势发生了深刻变化。面对日益突出的单边主义和孤立主义，中国政府再次提出人类命运共同体倡议，旨在与世界各国人民一起，共同探索应对全球治理中的棘手问题。基于这一信念，中国不断倡导共同体意识，先后在亚洲文化对话、中非合作论坛北京峰会、上海合作组织、国家领导人访欧期间，分别提出"迈向亚洲命运共同体""中非是休戚与共的命运共同体""平等相待、守望相助、休戚与共、安危共担的命运共同体""中欧利益高度交融的命运共同体"。中国领导人的这些倡议，不仅得到了众多国家的赞成，而且还得到了联合国等国际机构的支持，并相继载入联合国安理会决议和人权理事会决议。面对日益复杂的海洋形势，习近平指出："我们人类居住的这个蓝色星球，不是被海洋分割成了各个孤岛，而是被海洋连结成了命运共同体，各国人民安危与共。""大家应该相互尊重、平等相待、增进互信，加强海上对话交流，深化海军务实合作，走互利共赢的海上安全之路，

---

① 《胡锦涛会见 29 国海军代表团团长》，《人民日报海外版》2009 年 4 月 24 日第 1 版。
② 《胡锦涛会见 29 国海军代表团团长》，《人民日报海外版》2009 年 4 月 24 日第 1 版。

携手应对各类海上共同威胁和挑战，合力维护海洋和平安宁。"① 从而把建立国家间海洋和谐关系，上升为人类命运共同体的重要有机部分。这一理念，使人类命运共同体在海洋领域中有了新的延伸、新的拓展和新的发展，是人类命运共同体理念的丰富和完善。

（二）"共商、共建、共享原则"的升华

自近代西方殖民统治者对外扩张以来，"弱肉强食、适者生存"成为丛林法则，并一直贯穿于国际政治。进入 21 世纪以来，经济全球化不断发展，国家之间共生共荣，利益不断增大，共同进步、合作发展、一起繁荣，越来越得到各国的响应。而追求至高无上的国家利益、在国际事务中只考虑本国利益的利己主义，也越来越遭到国际社会的唾弃。正是这种国际背景下，中国领导人提出"一带一路"倡议，得到世界众多国家的支持和拥护。截至 2019 年 11 月初，已有 137 个国家和 30 个国际组织与中国签署 197 份共建一带一路的合作文件②；包括联合国在内的国际组织通过了支持"一带一路"建设的多个文件；许多国家精英对"一带一路"持肯定态度，一些国家甚至将其视为本国发展的重大机遇；即便最初持保留甚至抵制态度的个别发达国家也在不断改变态度，通过具体项目合作、第三方合作等方式，参与到"一带一路"建设过程中来。在这方面，日本便是典型例子，从"一带一路"倡议

---

① 《习近平集体会见出席海军成立 70 周年多国海军活动外方代表团团长》，《人民日报》2019 年 4 月 24 日，第一版。

② 习近平：《开放合作　命运与共——在第二届中国国际进口博览会开幕式上的主旨演讲》，新华网，2019 年 11 月 5 日，http://www.xinhuanet.com/2019-11/05/c_1125194405.htm。

提出时追随美国，对中国实施联合抵制，到2017年派出自民党干事长出席"一带一路"国际合作高峰论坛，再到2019年双方达成第三方市场合作的共识。这反映出，中国政府推进"一带一路"倡议过程中提出的共商、共建、共享原则，正在得到越来越多的国家支持。

共商，是指国家不分大小，强弱，只要有利于双方经济繁荣、人民福祉、国家可持续发展的，均可基于平等立场、公平协商。共商对象既可以是主权国家和国际组织，也可以是国有企业或私营业主。共商内容既可以是经济、科技、环境、安全等领域，也可以指围绕某一个项目涉及的要素，如资金投入、机构设立、运行方式、收成分配等。共建，是指围绕双方或多方感兴趣的领域展开合作，确定建设方向、建设内容、时间进展、建设成效等。共享，是指双方基于成果共有、专利共享、利益分享等原则，享受"一带一路"合作项目带来的红利。正是基于上述公平公正、合理透明原则，不少国家对寻求更高质量、更高水平的合作项目，表达了新的期盼。

共商、共建、共享，是中国政府推进"一带一路"建设过程中提出的遵循方针，而海洋命运共同体，强调的是人类生活在同一个蓝色星球、因海洋而形成休戚与共的共同体意识。两者角度不一，但方向一致，目标明确，都是着眼未来，携手努力，共享福祉。更重要的是，海洋命运共同体还是对"一带一路"建设的共商、共建、共享原则的超越，它蕴含的一个新哲理是，面对世界海洋事业发展中存在的全球性难题，需要有超越区域的全球视野，超越主权的世界追求，超越国家的命运情怀。因此，海洋命运共同体理念，已经大大跨越了共商、共建、共享原则，将人类休戚与共、唇齿相依、彼此依赖的客观现状，上升到全球命运的高度，它是共商、共建、共享原则的进一步升华。

（三）全球海洋治理的思想贡献

进入 21 世纪以来，全球性海洋公共事件急剧上升，对世界各国的海洋可持续发展产生了巨大冲击[①]。因温室气体排放导致的全球气候变化，导致海平面上升，不仅危及小岛屿国家，而且也导致全球性极端气候的出现，给世界各国带来了台风、泥石流、海啸等极端自然灾难。在世界公共海域，虽然联合国制定《促进公海渔船遵守国际养护和管理措施的协定》《负责任渔业行为守则》等制度，但仍然无法有效约束各沿海国、特别是海洋大国的过度捕捞行为，公海海域的非法的、未经报告的、未受管制的捕捞活动大量存在[②]。为保护海洋生物基因资源，促进海洋可持续利用，联合国启动"国家管辖范围以外区域海洋生物多样性养护和可持续利用国际协定"（BBNJ）谈判议程[③]。此外，发达国家借其海洋科技优势，不断将手伸向南北极、深海矿产等领域，不断扩展海洋保护区，变相掠夺海洋公域资源，限制其他发展中国家的海洋事业发展。发展中国家尽管有《联合国海洋法公约》关于"人类的共同继承财产"等条款的法律保护，但因综合实力和科技水平有限，既不能了解海洋高尖深领域发展动向，又在世界海洋公域活动中缺乏行动，更不能在深海、极地活动中有所作为，在海洋开发利用规则的话语中处于明显劣势，围绕"人类的共同继承财产"开发、利用和保护问题，

---

① 相关内容可参见崔野、王琦：《全球公共产品视角下的全球海洋治理困境：表现、成因与应对》，《太平洋学报》2019 年第 1 期。

② 黄硕琳、邵化斌：《全球海洋渔业治理的发展趋势与特点》，《太平洋学报》2018 年第 4 期。

③ 徐宏：《当前国际形势和我国外交条法工作》，《武大国际法评论》2017 年第 3 期。

发达国家与发展中国家显然存在矛盾，只不过，这种矛盾目前还没有激化。

针对海洋公共领域中不断涌现的全球性问题，海洋大国迫切需要加强战略协调，完善合作机制，调动国家资源予以应对，中小国家也应力所能及地参与到全球海洋治理行动中来。然而，在全球性海洋问题不断攀升背景下，国际协调机制因大国战略竞争受到严重冲击，全球海洋治理严重滞后。国际社会面临的一个重大理论和实践问题，就是要提出体现人类公平、公正、道义且具有普适价值的创新理论，制定既可考虑主权国家利益，又能兼顾世界各国人民利益，且能明辨是非、保障权利、定纷止争的国际制度，开启人类共同发展、共同繁荣新篇章的正确途径。在这重要时刻，中国政府及时提出了海洋命运共同体，旨在促进全球治理秉持共商、共建、共享原则，推动各国权利平等、机会平等、规则平等，使全球治理体系符合变化了的世界政治经济，满足应对全球性挑战的现实需要，通过海洋法治，逐渐建立公平、公正、合理、普惠的海洋新秩序，推动人类海洋事业的共同发展。

三、构建海洋命运共同体需要中国承担时代责任

海洋是各国人民共同生活的蓝色星球，是需要世界各国共同呵护的生命体。中国作为海洋大国和安理会常任理事国之一，既要正视国际形势中的严峻局势，也要发挥海洋大国的责任和义务，与各国人民一起共同努力，为推进海洋命运共同体作出独特贡献。

（一）构建海洋命运共同体面临多重挑战

冷战结束后，尽管海洋非传统安全威胁一度呈上升趋势，但世界海洋形势因远离大规模海上战争而保持相对稳定。进入 21 世纪第二个十年以来，国际政治形势发生急剧变化，大国战略竞争急剧上升，国际协调机制严重倒退，海洋安全形势趋于复杂多变，不确定因素不断增多，对新时代构建海洋命运体构成严峻挑战。

1. 国际政治氛围有待"纯洁"

20 世纪七八十年代，世界经济全球化发展迅猛，自由主义政治理念主宰国际政治中心舞台。然而，好景不长，进入 21 世纪第二个十年以来，伴随西方国家的整体衰落，以美国为代表的西方国家开始质疑自由主义理念，认为自由主义政治秩序为一些国家崛起提供了条件，损害了自身利益，反自由主义之声渐起，民粹主义声音日增。这种思潮反映到国际事务上，就是承担国际义务和国际责任意愿下降，不愿意或不兑现对国际社会的承诺；无视联合国等国际组织在海洋事务中的积极作用，倾向于采取单边主义行动；对国际海洋法规和制度合则用，不合则弃；违背国际关系基本准则，对海洋争端、海洋利用开发等问题采取双重标准，合乎本国利益则无原则、无底线推进，不利或少利的，则采取回避甚至置若罔闻态度；等等。上述行为，严重冲击国际关系的基本准则，冲击海洋政治秩序，在国际上产生了恶劣影响，也对海洋命运共同体所需的和平友善的国际氛围带来冲击，迫切需要正本清源。

2. 大国协调机制需要回归正常

大国协调起源于拿破仑战争后英法奥俄等国为了保全各国领土和政治现状而在大国之间建立的制度性安排①。长期以来,虽然大国协调因其当初的"反动"性而不常提及,但事实上,世界秩序和海洋秩序的维护,基本上还是由世界主要大国通过磋商、合作、妥协、斗争达成。第二次世界大战期间,美、苏、中、英、法等国摒弃前嫌,携手合作,保持密切的战略协调,促成世界反法西斯同盟的形成并最终取得二战胜利。冷战结束初期,世界处于一超多强的局面,美国相继发起多场局部战争并引发地区动荡,但那时的美国,还怀揣"拯救天下"的大国情怀,在联合国框架下总体上保持着与其他大国的协调关系。

然而,大国协调机制很快遭遇严重挑战。国际重大问题不断凸现,伊朗问题、核不扩散问题、太空问题接踵而至。全球海洋公共事件也不断涌现,海洋气候变化,海洋公域非法的、未经报告的、未受管制的捕捞,海洋微塑料,海洋保护区等问题不断出现。上述问题需要世界主要海洋大国保持战略协调,并团结所有利益攸关国共同应对,但此时的大国协调机制出现严重问题:美国视中、俄为主要战略竞争对手,伙同同盟国和伙伴国围堵中国,与俄罗斯在乌克兰、叙利亚、小亚细亚半岛等地展开地缘竞争,导致中美、美俄关系极大倒退;美欧关系也因经贸问题、难民问题、防务政策以及对地区、国际事务的看法分歧而出现巨大裂缝。2019年北约峰会前夕,法国总统马克龙批评北约"脑死亡",美

---

① 最早源于"欧洲协调"(Concert of Europe),后把大国围绕某些问题保持磋商达成一致的现象,称为"大国协调"。有关"欧洲协调"的起源,可参见王绳祖主编:《国际关系史》第二卷(1814—1871),北京:世界知识出版社1995年版,第21—33页。

欧围绕俄天然气输欧"北溪二号"出现争端，以及美土围绕中东等问题立场分裂，都凸现了美欧间矛盾。2020年2月第56届慕尼黑安全会议，破天荒地使用"西方缺失"作为会议主题，再一次凸现了"西方"作为一个特定的国际政治团体，在面对新兴国家群体性崛起和全球政治经济重心转向亚洲时，已经变得不那么团结的现象。此外，英国与欧盟正在分道扬镳，日韩作为美国军事盟友也龃龉不休。上述情况表明，国际社会正常运转需要的国际协作机制正在面临前所未有的挑战，全球海洋治理的机制性和有效性受到严重冲击，构建海洋命运共同体面临更大协作困难。

3. 各国民意基础需要夯实巩固

"民意是以个体为基础的整体民众在诸多领域和政策议题上的态度的一种笼统表达。"[①] 民意虽然对国家议题选择不具有决定性影响，但在信息化飞速发展的今天，民意倾向因为"民主"而对政府的决策产生了越来越重要的影响。当今一些西方国家，民意或以民意为基础的"民主"正在背离本意，成为少数政治家达到政治目的的手段。[②] 一些政党领袖在过度消费民意、达到政治目的后，开始置民意而不顾，追求寡头集团利益，而把当初的追求民众福祉的竞选承诺抛到九霄云外，"民意"变成空泛口号，"信念"变成套用手段，"思想"也变成拉拢民众的工具。当民众连生存和健康还得不到保障，又怎能祈望其追求更高的海洋命运共同体理论？而当理想匮乏、信念缺失、思想苍白正在侵蚀国

---

① 王丽萍：《民意的形成与政治社会化》，《北京行政学院学报》2017年第2期。
② 2016年，英国卡梅伦政府抛出英国脱欧公投，企图借用民意为其政党造势，不料，投票结果是51.89%支持脱离欧盟，48.11%的票数选择留在欧盟。保守党大败，卡梅伦被迫辞去首相职务，英国从此走上"脱欧"之路。

家信誉，追求普通民众福祉也在国家领导人目标中消退，又怎能指望其担当促进人类共同繁荣的使命和抱负？

（二）推进海洋命运共同体建设需要艰苦不懈的努力

针对世界海洋形势中出现的种种"倒行逆流"，中国应当坚守道德高地，恪守和平理念，高举合作大旗，采取针对性举措，为构建海洋命运共同体创造有利条件。

1. 丰富完善海洋命运共同体的理论内涵

要赢得世界绝大多数国家对构建海洋命运共同体的赞成和支持，离不开这一倡议的吸引力和感召力。海洋命运共同体不能停留在概念上，而应内涵深刻，内容丰富，能为世界各国带来福祉。从当前情况看，当务之急，是要不断丰富完善海洋命运共同体理念，使之具有国际道义，变成世界目标，成为各国追求。为此，需要明确提出四个核心理念。

首先，具有共同奋斗的远景目标。海洋命运共同体的终极目标，就是要在海洋领域，推进共商、共建、共享为原则的共同发展目标，不断调适自己利益与他方利益、本国利益与国际利益的关系，以公平、共同但有区别的责任原则，探寻共同应对海洋公共挑战的方法，促进全球海洋治理，最终实现海洋政治、海洋经济、海洋安全、海洋环境、海洋生态等领域的协调发展，实现海洋的和平安宁、人类与海洋的和谐共存，国家在和睦相处中获得发展，民众在和谐氛围中生活质量获得提升。

其次，反映国际准则的基本道义。荀子说，义立而王，信立而霸，权谋立而亡。意思是说，以义为主，以信为辅的国家可以建立王权；以信为主，以义为辅的国家能建立霸权；既无道义、又无信誉，靠耍阴谋手段的国家最终会灭亡。中国提出海洋命运共同体，既不是想在世界上建立什么王权，更不是谋取世界霸主，恰恰相反，在百年未有之大变局背景下，在众多国家单纯地追求本国海洋利益之时，中国是想创造性地提出反映时代潮流、体现国际关系基本准则的崭新理念，为世界各国人民在海洋领域中携手合作、走向共同繁荣提供正确方向。

再次，承担共同但有区别的国际责任。构建海洋命运共同体，需要世界各国齐心协力，承担国际责任。人类生活在同一个蓝色地球，面临共同的海洋公共挑战，在日益严峻的海洋气候变化、台风、海啸和极端气候变化中，任何国家和人民都不可能独善其身，各国都有责任和义务参与到海洋治理的历史进程中。"共同但有区别的责任"，应当成为各国参与海洋治理的基本准则。国家有大小强弱之分，在海洋领域中的权力和权利会有所不同，海洋治理能力也会呈现出差异，但这并不影响各国参与海洋治理的责任。海洋大国在海洋科技、海洋环保、海洋利用方面能力强，获取的海洋利益也多，更应该在海洋治理方面多做贡献。发展中国家的综合国力稍弱，相关能力也差些，但作为国际社会的一员，也有责任和义务参与到海洋治理的历史进程中来。从海洋发展的历史可以看出，人类海洋发展与海洋治理的每一个进步，都凝结着世界各国人民的集体智慧，都有世界各国作出独特贡献的烙印。

最后，具有舍小利求大同的博大情怀。习近平指出："我们人类居住的这个蓝色星球，不是被海洋分割成了各个孤岛，而是被海洋连结成了命运共同体，各国人民安危与共。"海洋把世界各国的命运紧紧地联系在一起，各国利益休戚相关、荣辱与共。要强化蓝色星球各国命运休戚与共意识，面对世界海洋领域越来越严峻的挑战，只有携起手来，齐心协力，共同努力，才能应对海洋领域的严峻局面。在思考海洋问题时，不能光考虑自身利益，而应把本国利益放在国际整体利益中思考，只有具有舍小利的胸襟，才能具备求大同的情怀。

2. 提出推进海洋命运共同体的遵循原则

构建海洋命运共同体是长期艰巨的历史过程，需要几代人不懈努力。为此，需要把握以下原则。

首先，强化基础，量力而行。一方面，改革开放以来，中国经济取得长足发展，但国家治理体系还没有完善健全起来，政府的执政能力、社会的保障能力、公共安全突发事件的应对能力等，与人民生活期盼的现代化治理水平还存在差距。2020 年初突如其来的新冠疫情暴露出来了诸多问题，对国家和地方公共安全卫生应急体系敲响了警钟。另一方面，我国经济在经历 40 余年高速增长后，也迎来了可持续发展的瓶颈，迫切根除制约经济发展的不利因素，做一次大"内科手术"，为国家经济可持续发展提供政治、经济、法律等方面的制度保证。只有国家治理能力提升了，经济可持续发展得到保证了，国内其他问题处理好了，海洋命运共同体建设才有更加坚实基础与可靠保障。当然，即便中国"身体强壮"了，也不是意味着要"包打天下"。从整体上看，中国人口众多，人均 GDP 刚刚一万美元，最多是一个"发展较好"的发展中国家。全球海洋问题不计其数且层出不穷，一个国家的能力是非常有限的，需要国际社会共同努力，特别是大国通力合作。类似全球气候变暖、海平面上升、非法的、未经报告的、未受管制的捕捞问题，海上垃圾和微塑料问题，海洋保护区问题等，遍及五大洲四大洋，中国要与世界各国一起，平等协商，区别对待，协同处理，通过不懈努力，推动全球海洋问题的逐步解决。

其次，保持权利与义务的相对平衡。党的十八大提出海洋强国以来，中国加大海洋科领域的投入，海洋科技水平不断提高，海洋勘探和开发能力不断提升。至 2019 年底，中国已成为世界上获得国际海底区域最多的国家之一，① 在国际海底勘探开发和海底资源利用上已跻身世界强国之列，在国际海底管理局完成制定的《"区域"内多金属结核探矿和勘探规章》《"区域"内多金属硫化物探矿和勘探规章》《"区域"内富钴结壳探矿和勘探规章》中，中国的话语权也有一定程度提升，这无疑为中国在全球海洋事务中的地位提供了一定制度保障。此外，也应看到，中国在世界海洋事务中仍然处于第三世界行列，在极地利用和开发方面与发达国家相比仍然存在着较大差距，更为重要的是，与其他发达国家所不同的是，在国际社会中，中国代表着发展中国家的利益。国际海底区域属于"人类的共同继承财产"，最大限度地保护这一"人类的共同继承财产"免受少数国家的侵蚀，保护发展中国家在国际海洋公域的基本权益，既是中国依据《联合国海洋法公约》等国际法规应当奉行的义务，也是中国履行国际海洋公德的职责所在，更是中国提高海洋命运共同体感召力的重要任务。中国既要作为第一梯队，提升国际海洋事务中的话语权，为构建海洋命运共同体塑造一个公正合理的海洋规则，又要充分顾及第三世界相对落后国家维护海洋发展利益的合理诉求，履行海洋事务中的国际公德，实现权利义务的相对平衡。

最后，突出重点，渐次推进。构建海洋命运共同体不可能一步到位，需要分出地域主次，视情按需，渐次推进。从地域上看，构建海洋

---

① 至 2019 年底，国际海底管理局共批准 22 个区块，中国获得 5 个区块。其中，太平洋 3 个区块，印度洋 2 个区块。

命运共同体，第一个重点应放在周边海域。稳定周边海域既是我国海洋地缘政治中的核心需求，也是我国应对严峻复杂海上安全形势的紧迫要求。从海洋地缘上看，我国由北向南分别是日本海海域、东海海域、南海海域，分别涉及朝鲜半岛及日俄、东盟各国等关系。近年来，中国加强与东盟经贸关系持续深化，政治互信不断加强，特别"南海行为准则"磋商进入快车道，为中国构建与东盟国家海洋命运共同体提供了坚实基础。中国与日、韩等国的双边关系也呈现出积极向好的发展趋势，与孟加拉湾周边国家也保持着稳定关系，中国海上战略环境稳定和改善了，"印太战略"就难以掀起风浪。第二个重点是亚非拉第三世界沿海国家。它们政治上是中国争取国际话语权的强大后盾，经济上是中国"一带一路"倡议的重要实践区，安全上是中国可以相互依靠的朋友。这是构建海洋命运共同体可以依托的基本面。第三个重点是欧洲国家等。中国与上述国家没有根本利益冲突，也建立了较为稳固的经贸联系，但欧洲国家在政治制度上、意识形态等方面与中国存在着较大不同，又受到美国因素的较大影响，中国不可能要求欧洲国家在很短时间内表达对海洋命运共同体的普遍支持，但这并不影响中国与欧洲国家在海洋领域中的广泛合作。随着时间的推移和中欧双边海洋合作的不断加深，海洋命运共同体的理念和做法，也会像"一带一路"倡议一样，逐渐在欧洲国家中发出新芽。

3. 探索构建海洋命运共同体的路径方式

世界上共有190多个主权国家，社会制度、发展道路、宗教文化等存在着较大差别。构建海洋命运共同体不能等量齐观，应注重差异，区别对待，甚至作个性化（或特殊）处理。

发达国家与发展中国家，对构建海洋命运共同体有着不同看法。西方国家对海洋命运共同体理念，还没有完全认可，个别发达国家对海洋命运共同体还持反对态度，认为中国想通过某种倡议迷惑西方，甚至认为，这是中国想通过蛊惑发展中国家盲目跟进，为海洋拓展和"海洋扩张"制造舆论气氛。发展中国家对共商、共建、共享的丝路原则表示赞许，对海洋命运共同体表示支持（虽然也不乏个别国家企望在海洋问题上获得中国资金和技术援助的想法）。要根据各国不同政治制度、历史文化、宗教习俗等情况做出具体分析，与不同政治实体之间建立不同性质、不同类型、不同程度的海洋命运共同体。

要与美国建立"共担风险责任"的海洋命运共同体。美国视中国为主要战略竞争对手，在海洋领域与中国存在某种战略竞争关系，中美无法以命运共同体定位国家关系，① 但是，中美在海洋领域存在内容广泛且难以割断的联系。2020 年 1 月 28 日，美国保守主义研究机构新美国安全中心（CNAS）向国会提交一份独立评估报告《迎接中国挑战：在印太地区恢复美国竞争力》，其中坦言，"美国（在印太地区）执行一项旨在获得无可争辩统治地位的政策已不再可行"，"企图建立一个明确的反华联盟将会失败"，建议美国在气候变化、能源、全球公共卫生和防扩散等问题上寻求与中国的合作，而不是一味与中国进行全面对

① 尽管美国一度接受中国提出的中美构建新型大国关系的提法，如 2013 年 3 月 11 日，美国前国家安全事务助理托马斯·多尼伦在阐述奥巴马政府第二任期的亚洲政策时，提出"构建崛起大国与既有大国间的新型大国关系"的说法，提出美国欢迎一个和平崛起的、繁荣的中国，美国不希望中美关系被定位为竞争和冲突，但特朗普上台后，很快把中国视为主要战略竞争对手，这一提法很快成为了历史。

抗①，发出了相比美国的《国家安全战略》《国防战略》更加理性的声音。在中美关系尚不具备推进海洋命运共同体基础的背景下，中美两国对现有海洋关系及时"止损"，应该是当下的第一要务。应努力与美保持基于底线——不发生海上冲突——的海洋关系，防止因海洋战略博弈、特别是海上军事对抗引发误解、误判导致海上危机和冲突。当然，摆脱中美海洋关系困境的唯一出路，仍然是中美两国在海洋国际事务中寻求合作。中美两国都是大国，对海洋问题具有国际责任。要团结一切可以团结的力量，坚持海洋事务中的多边主义和开放主义，尽可能说服美国摒弃狭隘的利己主义和单边主义，保持在海洋重大事务中的国际协调，保障联合国和其他国际组织在处理世界性海洋挑战时的机制灵活性和效率性，维护中美在国际海洋事务中一定水平的合作，防止合作渠道受到严重冲击。

要与其他西方国家建立"包容互惠"的海洋命运共同体。伴随着中国不断崛起，西方不少国家对中国产生疑惧之心，对中国提出的海洋命运共同体也持怀疑态度。中国必须以更加坚定的行动彰显其和平发展理念，与其他西方国家建立"包容互惠"海洋命运共同体。要早日向外界阐明中国的和平发展道路与海洋命运共同体的关系，多提一些推进双方或多边合作的愿景与构想，通过海洋领域的项目合作，促进彼此利益的共融。当前情况下，中国尤其要做好两个相邻大国日本和印度的工作。对日本，要借 2020 年两国共同抗击新冠疫情以及新一届日本领导人上台的有利时机，对新时代中日两国关系作出新的历史定位，赋予中

---

① *Rising to the China Challenge—Renewing American Competitiveness in the Indo-Pacifc*, Centre of New American Security, December 2019, pp. 4-5, https://s3. amazonaws. com/files. cnas. org/documents/CNAS-Report-NDAA-final-6. pdf? mtime = 20200116130752.

日两国新的发展内涵；要加强海洋领域双边合作与第三方市场的合作，为夯实战略互惠关系增加新的动力；要基于东北亚丰富的资源和广阔的市场，进一步明确海上丝绸之路的北进方向，推动中日韩三国海洋合作。对印度，要加大双方的沟通交流，在坚守国家领土底线的基础上，保持印度洋区域安全克制，消除印度对中国海洋崛起的疑虑，力争在金砖国家、上合组织框架下实现中印海洋关系的新突破。

要与发展中国家建立"合作共赢"的海洋命运共同体。推进构建海洋命运共同体，重点工作应放在其他第三世界国家上。从历史看，第三世界的亚非拉国家都是西方殖民地，饱受殖民统治者的欺凌和压迫，在获得独立后，它们与中国保持着传统友好关系。改革开放以来，中国经济发展迅速，综合国力和经济发展上逐渐拉开了与亚非拉国家的距离，但中国始终把亚非拉国家视为最真诚的朋友。进入 21 世纪以来，中国与亚非拉国家的传统友谊不断深化，投入不断增多，对亚非拉国家经济发展的贡献不断增大。因此，无论是中国政府提出的人类命运共同体主张，还是海洋命运共同体倡议，都获得了亚非拉国家人民的广泛赞赏和全力支持。从现实情况看，亚非拉国家在海洋资源调查、海洋生态环境治理、海洋科技等领域中相对落后，中国在这方面具有一定能力，亚非拉国家应是中国构建海洋命运共同体的着力方向。当然，部分发展中国家既希望分享中国发展成果，又担心受到西方大国政治打压，对海洋命运共同体还存在着一定程度的顾虑。中国应顾及其政治外交心态和参与的舒适度，不急于求成，耐心等待，通过实实在在的合作成果，增强海洋命运共同体的吸引力。

4. 创造性地提供全球海洋治理的中国方案

进入 21 世纪以来，全球性海洋问题不断涌现，矛盾不断凸现。

在世界海洋公域，各国都争相向海域公海海域竞相索要资源，海洋渔业上存在着大量的非法的、未经报告的、未受管制的捕捞现象，一些国家还进行大量政府补贴。如何响应联合国 2030 年可持续发展议程，密切关注非法的、未经报告的、未受管制的捕捞和对过度捕捞鱼类的政府补贴，彻底解决过度捕捞现象，促进国际海域可持续发展，成为棘手问题。另外，早在 2015 年，联合国就把"到 2020 年保护全球至少 10% 的海洋和沿海地区"作为 2030 年可持续发展的阶段性目标。如何防止一些国家打着公海保护区名义，在国际公共海域肆意划设有利本国利益的保护区，也是一个非常迫切的问题。

在深海矿区制度上，国际海底管理局已经制定出《"区域"内多金属结核探矿和勘探规章》等规章，旨在规范国际海底的开发和利用。依据《联合国海洋法公约》，深海区域是"人类的共同继承财产"，各国均有平等利用国际深海资源的权利，但由于各国海洋科技水平和综合国力的严重不平衡，在国际深海开发利用实践上，发达国家占据绝对优势，欠发达或不发达国家只能望深海而叹。在深海利用上，各国之间的权利存在严重的不平衡和不合理性。因此，加速国际深海空间的平等、合理、科学、可持续利用，平衡发达国家和发展中国家的权利与义务，是国际海洋事务中的棘手问题。

在海洋网络空间，包括海洋空间在内的网络空间，存在着被军事化的极大可能。大国利用电磁和网络空间的巨大军事优势，不断渗透和侵蚀其他国家网络空间权益，侵犯他国海洋利益。如何规范网络空间利用问题，确保海洋网络空间军事利用的规范有序，同样是海洋网络空间军事行动的棘手问题。①

在智能化方面，科学技术的不断进步，推动着智能化日新月异，智能化技术运用于海上军事领域，导致海上战争形态面临前所未有的革命。美国运用智能化手段斩首伊斯兰革命卫队圣城旅指挥官卡西姆·苏莱曼尼，仅仅展现了智能化战争的冰山一角。刚刚发生的纳卡战争中，无人机也在战场上发挥出重要作用。在海上战争形态向初具智能化战争形态发展的关键时期，各国均面临应对初具智能化的海上战争的严峻考验。制定相关规则，防范智能化强国利用先进的智能化手段侵犯他国海洋利益，是众多发展中国家维护海洋主权、安全和发展利益面临的艰巨任务。此外，全球海洋气候变化、海洋生物多样性保护、海洋微塑料问题，都处于问题凸现的关键时期。

全球性海域问题是海洋治理的对象，然而，主导海洋治理的，又以西方发达国家为主，后者的价值观、伦理观、道德观、法治观、利益观，直接决定了全球性海洋问题的解决思路和处理办法，也对世界各国的海洋利益诉求产生着重要影响。如何争取一个更为公正、合理、透明、科学的处理办法，是海洋治理中的重大现实问题。中国是一个海洋后发大国，代表着发展中国家的利益，理应发挥能力优势，完善既有海洋制度，剔除海洋法规中的不合理成分，并就新海洋议题倡导制定新规则，发出中国声音。

---

① 北约下设的专业委员会于2013年出版《网络行动国际法塔林手册1.0版》，旨在规范网络空间使用军事手段的权利和义务。2017年再版的《网络行动国际法塔林手册2.0版》，通过学者的集体研究来推动和平时期网络空间国际规则的制定，涉及内容包括国家主权、管辖权、不干涉内政、和平解决国际争端、国际责任、国际组织的责任、审慎义务等，其中大量涉及海洋网络空间的军事行动规则问题。

5. 化解构建海洋命运共同体的外来压力

构建海洋命运共同体，是新时代中国发出的又一张具有世界意义的理论名片，得到了联合国等国际组织的高度肯定，得到了第三世界国家的普遍欢迎，但也不可避免地引起西方的猜忌、怀疑甚至污蔑。中国既要做好国内的事情，通过国内政治团结、经济发展、科技创新等手段，向世界展示一个更加健康强大的国际形象，当然，也要直面海洋命运共同体推进过程中面临的困难和问题，通过艰苦卓绝的工作，化解对海洋命运共同体构建过程中的外在压力。

其一，要努力破解西方对海洋命运共同体的抵制和反对。从历史上看，西方国家一直主宰和统治着海洋，近代以来，影响海洋发展的制度化建设，基本源于西方国家，从海洋自由论、闭海论，再到后来的公海航行自由（1958 年《公海公约》、1972 年《国际海上避碰规则》、1982 年《联合国海洋公法》）等，无不体现了西方在海洋事务上的主导作用，直到 20 世纪 70 年代，发展中国家才在海洋事务显现作用，并在《联合国海洋法公约》磋商谈判显现其伟大力量。对中国来说，利用海洋谋求国家发展，是实现中华民族伟大复兴的重要内容，提出海洋命运共同体理念，不是抛弃现有海洋规则，颠覆既有海洋秩序，而是为了塑造一个更加公平、公正、合理、可持续的海洋新秩序。当然，中国在海洋事务上发出的声音，提出的方案，也会触动个别西方国家的"势力范围"或"奶酪"，毕竟，从历史上看，海洋一直由西方国家主宰和统治的"自由领地"，中国的做法，也会影响到个别国家对某一海洋领域的垄断和控制，必然会招到愤懑、恐惧、抵制甚至反对。中国既要有强大的心理准备，坚守理念底线，维护海洋道义，又要预有研判，未雨绸缪，做好解释、应对的各项准备。

其二，要做好第三世界国家工作，防止对海洋命运共同体的误解。中国已成为世界第二大经济体，在深海、极地和大洋的综合利用上呈后来居上之势，这为中国带动第三世界国家推动海洋发展创造了有利条件，但不可否认，它也有可能成为个别国家或个别人攻击中国的口实。从"一带一路"实践看，无论中国做得多么好、多么出色，都有可能被一些别有用心的国家指责为"债务陷阱""珍珠链战略"等"罪名"，不排除有个别国家误入西方大国话语圈套的可能，也不排除个别国家受到西方大国的政治压力而违心发出反对之声。对此，中国要有理论自信，要坚信海洋命运共同体是关于国家命运与海洋发展的更高层次的理论诠释，是推进全球海洋治理的理论指导，当然，中国也要与时俱进，不断赋予海洋命运共同体更加丰富的思想内涵，并通过扎实的海洋国际合作及其结出的丰硕成果，破除相关国家疑虑，促使其改变观念，与包括中国在内的相关国家携手合作，共同推进更加美好的海洋事业。

国际海洋安全秩序演进[*]

胡 波^{**}

谈及国际海洋秩序，《联合国海洋法公约》和"基于规则的国际秩序"是两个最热门的词汇。前者被誉为"海洋宪章"，是由一系列条款构成的相对确定的有形国际制度；后者则是不确定的、无形的：尽管规则通常被解释为各国都认可或同意的国际法、地区安全机制、贸易协定、移民协议或者文化安排，但是对于要基于什么样的规则，不同国家有不同看法。①

秩序与暴力、不稳定和无序相对，意指形成的一种有序、稳定的状态。② 国际秩序既包括对国际格局的现实界定，同时也存在对于一种有条理、不混乱的理想状态的追求。③ 国际秩序可以是对国家间关系的默认或共识，也可以是一系列的国际规范与准则，还可以是关于国际关系

　＊　本文原载于《世界经济与政治》（2019 年第 11 期），作者在此基础上进行了修改与增删。

　＊＊　胡波，北京大学海洋战略研究中心主任。

　①　United Nations Association of Australia, "The United Nations and the Rules Based International Order," July 2015, p. 7, https://www. unaa. org. au/wp-content/uploads/2015/07/UNAA_RulesBasedOrder_ARTweb3. pdf.（2019 年 10 月 19 日登录）

　②　Samuel Huntington, *Political Order in Changing Societies* (New Haven: Yale University Press, 1968).

　③　董贺、袁正清：《中国国际秩序观：形成与内核》，《教学与研究》2016 年第 7 期，第 45 页。

的价值理念诉求。大体言之，国际秩序是在某种主导价值理念和一系列国际规范及规则的影响下，形成的一种稳定有序的状态。"秩序建设是任何一个崛起大国必须回答的战略和外交议题。随着中国的崛起，中国如何看待和参与重塑国际秩序已经成为世界瞩目的重要问题，也成为世界各国观察中国崛起效应的重要标尺。"① 以往重大国际秩序的变革通常是大规模战争或权力关系剧变后的结果，权力结构和力量对比是国际秩序生成的基础。通常认为，国际秩序有三种形成方式：一是国家间均势，二是霸权的命令，三是共识或集体同意。② 国际秩序的构建依赖于"世界性的国际权势分布""国际规范体系"和"跨国价值观念体系"。③

一、当前国际海洋秩序及其面临的主要问题

国际海洋政治经济秩序已经基本确立，未来其发展方向主要是对《联合国海洋法公约》确立的一系列制度和规则进行相应的调整和改革。相对而言，海洋安全秩序还缺乏基本的全球框架，正处在历史的十字路口。当前面临的主要海洋安全问题是海洋地缘政治竞争加剧、海洋开发和竞争导致的安全问题和全球性海洋安全问题。

---

① 门洪华：《中国崛起与国际秩序变革》，《国际政治科学》2016 年第 1 期，第 60—61 页。

② G. John Ikenberry, *Liberal Leviathan: the Origins, Crisis, and Transformation of the American World Order* (Princeton: Princeton University Press, 2011) , pp. 13–15.

③ 时殷弘：《中国崛起与世界秩序》，《现代国际关系》2014 年第 7 期，第 32 页。

（一）国际海洋秩序的二元演进

国际海洋秩序是国际秩序的重要组成部分，是国际关系在海洋领域的价值理念和行为规范。传统现实主义认为，秩序意味着稳定，海洋秩序的核心是海上权力关系的稳定和力量平衡的维系。自由主义海洋秩序则强调主权让渡和机制合作，通过共同利益和国际法巩固或调整海军强国与沿海国之间的关系。① 综合而言，"海洋秩序意味着一种相对稳定的海洋利益关系态势、为国际社会普遍接受的海洋制度，以及保证海洋制度贯彻执行的运行机制"。②

现代海洋强国的崛起必然伴随着对海洋秩序的塑造，没有自身主导秩序支撑的海洋强国往往昙花一现。历史上，德国和日本等国在海上的失败某种程度上也归因于此。自大航海时代以来，海洋秩序的演进主要与葡萄牙、西班牙、荷兰、英国、法国和美国等少数几个国家对海权的争夺相伴。海洋秩序是海上霸权的副产品，但同样也是世界领导者得以较长时间维系领导地位和强大的根基。③ 强大的海上实力是塑造和维系海洋秩序的基础和保证。海洋秩序的存续也必然会体现塑造者的利益与观念，服务于其实力的运用与力量的展开。海权国家生产了塑造海洋秩序、捍卫其海洋活动的一套话语体系，即海洋叙事。每个时代的国际体

---

① Katherine Morton, "China's Ambition in the South China Sea: Is a Legitimate Maritime Order Possible?" *International Affairs*, Vol. 92, No. 4, 2016, p. 912.

② 胡启生：《海洋秩序与民族国家》，哈尔滨：黑龙江人民出版社2003年版，第27页。

③ 宋德星、程芳：《世界领导者与海洋秩序——基于长周期理论的分析》，《世界经济与政治论坛》2007年第5期，第99页。

系中都必有一套关于"海洋与海洋所有权"的规则。①

第二次世界大战结束后，国际海洋秩序逐渐分化，海洋政治经济秩序和海洋安全秩序的发展走上了两条截然不同的路径。由于复合相互依存的作用，武力的作用下降，中小国家集团的影响力上升，海洋强国已经无法左右国际海洋秩序特别是政治经济秩序的演进。② 1958 年的《大陆架公约》和 1982 年的《联合国海洋法公约》的制订就是典型案例。在两项公约的谈判与缔约过程中，第三世界国家都是最大的推手。当前，以《联合国海洋法公约》为基础的国际海洋政治经济秩序是一个相对开放、相对平等、较为均衡的机制与规则网络。尽管这些规则仍带有明显的西方烙印，但广大发展中国家在其中也发挥着重要作用。海洋强国或海洋大国对国际海洋政治经济秩序的主导地位实际上已经瓦解。然而，由于能力的巨大差距，第二次世界大战后的民族解放运动和国际关系民主化并未对国际海洋安全秩序构成实质的影响。在当时美苏等海洋强国的抵制下，军事安全问题基本上被排除在《联合国海洋法公约》的制度之外。虽然也有一些关于军事活动的规定，但它们非常模糊且不具约束力。③ 当今的海洋安全秩序仍带有鲜明的强权烙印，它以美国为主导，核心是美国及其遍布世界的同盟和同伴体系，以及美国主导的一系列军事和安全规则。该秩序形成于 20 世纪 40 年代末，在冷战结束之后得到强化，主要体现的是美国的利益和海洋价值观念。

① 牟文富：《海洋元叙事：海权对海洋法律秩序的塑造》，《世界经济与政治》2014 年第 5 期，第 66—67 页。

② Robert O. Keohane and Joseph S. Nye, *Power and Interdependence* (New York and London: Longman, 2012), p. 128.

③ Sam Bateman, "UNCLOS and Its Limitations as the Foundation for a Regional Maritime Security Regime," *Korean Journal of Defense Analysis*, Vol. 19, No. 3, 2007, pp. 27-56.

当前的海洋秩序远未完善，还在不断地调整适应之中。几乎所有国家都对现有海洋秩序有或多或少的不满。美国认为《联合国海洋法公约》的争端解决机制会损害主权原则，[①] 担心《联合国海洋法公约》确立的 200 海里专属经济区等制度会妨碍美军全球行动的自由。此外，美国对《联合国海洋法公约》规定的国际海底开发管理制度也颇有微词。因此迄今为止，美国仍未正式加入《联合国海洋法公约》。绝大多数沿海国并不认可美国主导的海洋安全秩序，更不赞同美国借维护规则之名行强权政治之实。《联合国海洋法公约》当年为推动谈判、寻求最大共识，在岛屿制度、争端解决机制等诸多条款上存在折中与模糊，某种程度上激化了国际矛盾。随着人类大规模进入深海大洋，关于公海、海底区域和极地活动的规则也亟待完善。因此，国际海洋秩序确需要新的变革以适应新的海洋形势。

如上所述，国际海洋政治经济秩序已经基本确立，其影响因素复杂，任何单一国家都很难左右其进程。未来其发展方向主要是对《联合国海洋法公约》确立的一系列制度和规则进行相应的调整和改革。相对而言，海洋安全秩序还缺乏基本的全球框架，正处在历史的十字路口。

（二）主要海洋安全问题

国际海洋政治实际上是主权国家之间围绕海上权力、海洋利益和海

---

① Baker Spring, "All Conservatives Should Oppose UNCLOS," *Texas Review of Law & Politics*, Vol. 12, No. 2, 2008, pp. 453-457.

洋责任，就海洋控制、海洋发展和海洋治理三大主题而发生的斗争与合作。① 国际海洋秩序的变革与这三大国际海洋政治主题的发展密切相关，与之相对应的是调整或规范权力竞争、利益博弈和责任分配的一系列安排、规则和制度。具体到全球海洋安全，以下三类问题最为凸显。

1. 海洋地缘政治竞争加剧

海洋对于国际政治的首要意义在于其通道作用，通过控制海洋来影响或干预陆上的权力分配是国际海洋政治的最原始内涵。海洋控制（sea control）实际上包含两层意思：使海洋为自己所用，或防止它为敌所用。制海权（command of the seas）是海洋控制的理想状态，意味着对海洋的绝对控制。海权是海洋控制的基础，海洋控制则是海权运用的结果。与陆地权力不同的是，海洋控制的价值不在于物理上的征服或占有。② 历史上，地中海及其周边海域的海上权力格局直接影响了古希腊、古罗马文明的崛起与衰落。近代以来，随着大航海时代的来临，欧洲殖民主义和帝国主义的大扩张，海洋作为通道愈加重要。海上力量还通过控制关键海上通道来控制海外贸易或全球贸易、间接左右国际格局。发展海军、夺取海洋控制权逐渐成为帝国主义国家争夺殖民地或势力范围的重要前提与主要途径。③

冷战结束之初，由于美国超强的海上力量和海上主导地位，传统的

---

① 胡波：《国际海洋政治发展趋势与中国的战略抉择》，《国际问题研究》2017 年第 2 期，第 86 页。

② Geoffrey Till, *Seapower: A Guide for the 21st Century* (Portland: Frank Cass Publishers, 2004), pp. 156–158.

③ 胡波：《国际海洋政治发展趋势与中国的战略抉择》，《国际问题研究》2017 年第 2 期，第 86 页。

海权之争失去了现实基础，不再那么令人关注。美国对于自身的海上武力十分自信，认为海洋控制已不再是重大问题，今后的重点是如何更好运用制海权打击濒海地区的恐怖主义、失败国家和跨国犯罪，更好地为美军的陆上军事行动提供支援。直到 21 世纪的头 10 年，海权问题虽然仍然是地缘政治学家和海军战略学家研究的重要议题，但包括美国在内的世界各大国在军事战略上都不曾高调地将争夺制海权或海洋控制作为海上力量的首要任务。

然而，大约自 2015 年起，情况发生了显著变化，海洋地缘竞争有重新抬头之势。最大的变数来自美国。面对中国、俄罗斯等大国军事现代化特别是海上力量的发展，美国无法容忍，认为中俄等国将挑战美国对海洋的控制。美国战略界人士惊呼"马汉又回来了"，重新高调强调海洋控制。2015 年，美国海军、海军陆战队和海岸警卫队共同发布《21 世纪海上力量合作战略》，频繁强调海洋控制和全域进入（all domain access）能力。2017 年 1 月，美国水面部队司令部提出"重返制海"概念，正式推出"分布式杀伤"理念。2017 年 5 月 17 日，美海军作战部发布《未来海军》白皮书，"重返制海"上升为整个海军的顶层设计，要求美国海军在远洋、近海和濒海地区都要确保海洋控制。美军落实这些概念的主要区域集中在毗邻欧亚大陆的近海地区，重点是西太平洋和北极海域。美国战略界和军方的上述认知极大影响了美国政府的安全政策。2017 年 12 月 18 日，特朗普政府公布首份《国家安全战略》报告，将中俄界定为战略竞争对手，指责中国意图在印太地区取代美国的地位。①

---

① 胡波：《美军海上战略转型："由海向陆"到"重返制海"》，《国际安全研究》2018 年第 5 期，第 76—80 页。

　　然而，世界特别是海上权力博弈的方式发生了较大变化。未来海权竞争的形式绝非阿尔弗雷德·赛耶·马汉（Alfred Thayer Mahan）笔下的"决战决胜"，而很可能是长期战略相持和战略消耗。由于核威慑和经济社会深度相互依存等因素的制约，这个过程总体上应该是和平的，至少大规模战争不再是大国之间权力博弈的主要形式。当然，大国会在大规模战争的门槛之下，不断试探或测试彼此的底线，这会使得局势动荡不定。不以大规模海上武装暴力来调解海洋强国间的关系并不意味着海洋安全秩序就更容易建立。相反，围绕海洋安全规则博弈的时间会变得更长，博弈的方式也更加复杂，将是"全政府"行为。

　　未来海权竞争的重点在欧亚大陆毗邻海域和"水下"。目前，全球海上权力竞争以另一种方式展现出来。以往大洋上的舰队对决逐渐让位于当前的近海角逐，中国等大陆国家加快"由陆向海"，而美国等海权国家则大幅调整海上战略、由海向陆压缩制衡大陆国家的活动空间。两者的战略在毗邻大陆国家的近海区域迎头相撞。中国等沿海大国捍卫自身主权和主权权益，以及追求与自身实力相称的海上地位，与美国继续谋求世界海上主导地位间的矛盾，开始成为世界海上权力竞争的主线。另外，随着海洋科技的大发展，深海正在成为海洋大国新的竞技场。深海空间由于通透性差、压力变化大、水文特性复杂等特点而难以感知，易实现军事行动的隐蔽性和攻击的突然性，其军事价值正在被各海洋强国竞相挖掘。与以往主要依赖潜艇实施"点打击"或非对称制衡不同，现今水下军事竞争网络化和体系化特征愈发突出。① 微型潜艇、无人潜航器（UUV）和水下传感器的大规模部署及通信技术的发展使得水下

---

① 胡波：《中国的深海战略与海洋强国建设》，《人民论坛》2017年9月下，第14页。

对抗即将出现颠覆性变革。

长期以来，由于美国超强的海上力量，国际海上军事行动和海洋安全秩序基本上由美国主导。随着中国等后发海洋国家的崛起，海上权力日益分散，美国的海上权力主导地位开始松动，至少在西太平洋、北部印度洋和北极等区域，美国不得不与域内强国分享权力。这种权力转移不可能是和风细雨，长期战略竞争难以避免。

未来新的海洋安全秩序首先要处理的就是日益激烈的海洋地缘政治竞争。或者美国主导的海洋安全秩序做出一定程度的调整，包容中国等国；或者美国和中国各自建立排他性的安全网络和规则，最终形成海上的两极对立。伴随海权竞争的日趋激烈，为了将竞争控制在一定烈度和范围内，亟须大国围绕危机管控、军备限制和军事行动规范等问题形成新的共识。

2. 海洋开发和竞争导致的安全问题

人类开发利用海洋的时间要远超过国家存在的历史，不过，直至第二次世界大战结束后，海洋开发与竞争才开始成为国际海洋政治的重要议题。"科学技术扩展了人类利用海域和海洋资源的能力，因此出现了海域和资源匮乏的问题并刺激着各国竭力扩展其管辖的区域，以排除其他国家染指的可能性。"[1] 海洋作为资源汲取地的地位和作用不断显现，海洋渔业、海洋油气、深海矿产开发等议题逐渐进入国内、国际政治的议程之中。1945 年，美国总统哈里·杜鲁门在第 2667 号总统公告中宣称："处于公海海面下但毗连美国海岸的大陆架的底土和海床的自然资

———————

[1] ［美］罗伯特·基欧汉、约瑟夫·奈：《权力与相互依赖》（林茂辉等译），北京：中国人民公安大学出版社 1991 年版，第 107 页。

源属于美国，受美国的管辖和控制。"① 随后，不少国家发表了类似的关于大陆架的声明。1958 年，在联合国日内瓦第一次海洋法会议通过的《大陆架公约》为大陆架下了这样的定义："（a）邻接海岸但在领海以外之海底区域之海床及底土，其上海水深度不逾二百公尺，或虽逾此限度而其上海水深度仍使该区域天然资源有开发之可能性者；（b）邻接岛屿海岸之类似海底区域之海床及底土。"②经过 20 世纪 70 年代"国际十年海洋考察"和各国科学家的不断努力，人类极大地增长了对深海资源的认识。大量的多金属结核、富钴结壳、海底热液硫化物、海底天然气水合物、深海生物基因资源得到发现，储量远超陆地可探明资源。③ 近年来，由于海洋科技的快速发展，人类正在进入一个全方位开发利用海洋的阶段，特别是人类对深海的探索和开发将很快有实质性突破。

海洋资源的大规模开发和各沿海国扩张管辖权的冲动使得有关海岛主权、海域划界的争议大量爆发。经过 20 世纪 70 年代以来近 40 余年的博弈折冲，技术红利和制度红利已被过度消费。技术红利是指科技进步带来的对海洋资源探测及汲取能力的提升，制度红利则是指《联合国海洋法公约》代表的一系列海洋制度尤其是专属经济区规则的出台，刺激了各沿岸国对海洋的跑马圈地和相互竞争。全球有多达 60 个左右的沿岸国与他国存在岛礁主权的争端。截至 2015 年 6 月，约有 640 条

① "Proclamation 2667 – Policy of the United States With Respect to the Natural Resources of the Subsoil and Sea Bed of the Continental Shelf，" http://www.presidency.ucsb.edu/ws/index.php?pid = 12332.（2017 年 6 月 23 日登录）

② 《大陆架公约》，http://www.un.org/chinese/law/ilc/contin.htm。（2017 年 6 月 23 日登录）

③ 方银霞、包更生、金翔龙：《21 世纪深海资源开发利用的展望》，《海洋通报》2000 年第 5 期，第 73—74 页。

左右的潜在海洋边界（包括领海、专属经济区和大陆架界限）。目前，划界问题得到彻底解决的不足 1/2，剩下的普遍难以解决。① 而且，随着资讯的日益发达，公众增强了对外交等公共事务的参与，这使得问题的解决变得越来越困难。

海洋争议直接影响国际安全。本质上讲，主权与安全存在一定的矛盾，处于争议纠纷之中的任何沿岸国，都存在如何平衡"维稳"与"维权"的问题。捍卫主权及海洋权益必然会牺牲一定程度的安全、削弱促进区域稳定的外交努力。维护区域稳定和安全的行动虽不至于丧失主权，但定然会影响到维权的节奏与方式方法。

3. 全球性海洋安全问题

全球海洋的连通性和不可分割性决定了海洋的利用与管理具有先天的开放特征，各沿海国在开发海洋时还需要考虑到自身的国际责任。经济全球化更加深了人类对海洋的依赖，各种安全威胁也因为海洋高度的连通性而超越国境，成为全球性问题。打击非法捕鱼、应对海盗与跨国犯罪、保护海洋环境、维护海上安全等任务逐渐超出了单个国家或国家集团的能力。冷战结束后，海洋作为三大"全球公域"之一，② 日益受到国际社会的高度重视。2010 年前后，美国《国家安全战略（2010）》《四年防务评估报告》以及美国和北约多家智库的研究报告都异口同声

① "Dundee Ocean and Lake Frontiers Institute and Neutrals（DOLFIN），" https://www.dundee. ac. uk/cepmlp/research/projects/details/dundee-ocean-and-lake-frontiers-institute-and-neutrals-dolfin. php. （2019 年 10 月 13 日登录）

② 其他两大公域一般指太空与网络。这方面的代表性著作参见 Abraham M. Denmark, "Managing the Global Commons，" *The Washington Quarterly*, Vol. 33, No. 3, 2010, pp. 165 – 182; John Vogler, *The Global Commons: Environmental and Technological Governance*（Chichester: J. Wiley & Sons, 2000）。

地强调要保障全球公域的安全。① 在海洋公域治理上，各大国之间并无尖锐矛盾，包括美国在内的各沿海国也都充分认识到任何国家都无法单枪匹马地去管控好整个海洋。问题在于"公地悲剧"，如同气候变化谈判一样，各国都在尽可能的推卸责任，同时担心其他国家会借此获益。因此，海洋公域治理的症结就是责任分配。

当前，全球海洋治理面临的最大问题是公共产品的供给与需求严重不匹配。美国相对实力下降，权力变得更加分散；安全与经济利益又日益重叠；全球性挑战正在侵蚀国家权力，让海上安保任务变得更加复杂。② 近年来，全球性海洋问题愈演愈烈，对治理的需求越来越大。然而，相关供给却没有跟上，反而有减少之势。受制于历史与现实因素，中小海洋国家往往首当其冲面临这些问题（如海平面上升之于太平洋岛国），却缺乏相应的应对手段和资源。传统海洋强国拥有治理需要的能力，但对它们而言问题却没那么迫在眉睫。总体来看，美国在国际海洋治理方面的能力和兴趣都在下降；英法等其他传统海洋大国对治理有足够的兴趣，但在能力方面都有不同程度的萎缩；中国等新兴国家参与全球海洋治理的能力和兴趣都在快速提升，但在经验和话语权方面尚有

---

① The White House, *The National Security Strategy of the United States 2010*, May 2010, p. 49, http://www. whitehouse. gov/sites/default/files/rss_ viewer/national _ security _ strategy. pdf. （2017 年 2 月 25 日登录）；U. S. Department of Defense, *Quadrennial Defense Review Report 2010*, February 2010, http://www. defense. gov/qdr/images/QDR_ as_ of_ 12Feb10_1000. pdf. （2017 年 2 月 25 日登录）；C. Raja Mohan, "U. S. -India Initiative Series: India, the United States and the Global Commons, " https:// s3. amazonaws. com/files. cnas. org/documents/CNAS_ IndiatheUnitedStatesandtheGlobalCommons_ Mohan. pdf. （2017 年 2 月 25 日登录）；Michael Auslin, "Security in theIndo-Pacific Commons: Toward a Regional Strategy, " http://www. aei. org/docLib/AuslinReportWedDec152010. pdf. （2017 年 2 月 25 日登录）；BrookeSmith-Windsor, "Securing the Commons: Towards NATO's New Maritime Strategy, "http://www. ndc. nato. int/research/series. php?icode1. （2017 年 7 月 5 日登录）

② Katherine Morton, "China's Ambition in the South China Sea: Is a Legitimate Maritime Order Possible?" p. 910.

不足；非政府组织的作用越来越大，但不可能超脱主权国家体系发挥作用。无论如何，全球层面亟须一个容纳传统海洋强国、新兴海洋国家和部分非政府组织的新的安全治理架构。

随着人类的海上活动重点从近海转向远洋和深海，从本国管辖海域转向公海、海底"区域"等公共海洋空间，从水面、空中、海底转向全海深、全方位，海洋环境恶化、自然和人为灾害等全球性问题进一步发酵，得到更多关注。人类对海洋的人文情感和关怀越是立体丰富，海洋公域治理规则的缺失问题也就越是显得严峻。在这种背景下，任何国家在海上从事军事、经济等活动时，都不得不更多考虑海上公益和海上责任。国际海洋政治和国际海洋制度的中心任务也将由制定管辖海域的规则转向规范人类在公共海洋空间的活动。

例如，《联合国海洋法公约》框架下关于"国家管辖范围以外区域海洋生物多样性（BBNJ）"的养护和可持续利用的国际协定谈判正在如火如荼地进行。该协定以海洋资源、海洋空间利用和海洋活动为调整对象，涉及科技、政策、法律、经济、军事等领域，是当前海洋资源开发与环境管理领域的重大前沿问题。① 其谈判进程将对未来的海洋秩序产生深远影响，部分国家竞相划设公海保护区的做法也会推动各自的军事和执法力量走向博弈前沿。

---

① 《三论 BBNJ——政府间谈判前瞻及有关建议》，http://www.comra.org/2017-12/21/content_40115600.htm。（2019 年 9 月 28 日登录）

二、中国走向海洋及其秩序使命

进入 21 世纪，中国蓬勃发展的海洋事业产生着日益深远的国内、国际影响。海外利益、海洋经济和海上力量的发展令人瞩目。2012 年 11 月，在中国共产党第十八次全国代表大会报告中，中国领导人正式提出建设海洋强国，这标志着世界人口最多、历史最为悠久的大陆国家将加快走向海洋。大国的成长往往伴随着对国际秩序的改变或重塑，因此，国内外都普遍关心中国将追求什么样的国际海洋秩序。

在现实中，中国的海上崛起已经与现有海洋秩序之间产生了一定的张力和摩擦。在国际海洋安全秩序中，中国不在美国主导的安全体系内，缺乏应有的地位和发言权，且中国的合理利益及关切得不到美国及其盟友体系的应有尊重。随着中国加快建设海洋强国，中国追求合理的海洋利益及海上地位的努力与美国强化其海上主导地位之间的矛盾会日益尖锐，这种矛盾突出地表现在西太平洋地区。以《联合国海洋法公约》为基础的国际海洋政治经济秩序总体上符合中国的利益，但在部分规则上没有充分考虑到其半封闭海、人口规模等情况，使得中国在海洋资源和空间分配上遭到不公平的对待。从维护和发展自身海洋利益的角度出发，中国亟须推动海洋秩序向着与己有利的方向发展。

推动建立更加开放包容的海洋秩序是中国的国家利益和国际使命的双重要求。"中国与新兴国家和其他发展中国家一道推动国际利益格局调整，进而促成国际秩序变革，既是出于自我利益需求，也是崛起大国的一种责任。"① 中国能否成功塑造海洋秩序主要取决于国家实力发展和国际秩序演进的需求。中国要塑造什么样的国际秩序将主要由中国的海洋秩序观及其规范体系来决定。国际秩序的研究在国内外都是显学和热门议题，但是国际海洋秩序研究的热度和深度均稍显不足。

任何国际秩序的基础都是国家间的力量对比和实力分布。近代国际海洋秩序的沿革与世界海上力量的兴衰密切相关。今天谈论海洋秩序变革的焦点无疑是中国的海上崛起，但是对中国崛起的程度及其可能对国际海洋安全秩序产生的影响大小的判断都需要实证研究来加以支撑。乔治·莫德尔斯基（George Modelski）认为，迄今为止，在全球范围内对国际秩序发挥过重大影响或者说主导作用的国家只有四个，它们是葡萄牙、荷兰、英国和美国。在作为全球领导者时，这些国家有四大共同点：较好的地缘位置，通常是岛屿或半岛，没有强大的邻国；稳定开放的国内社会；引领世界的经济模式；全球范围的政治战略网络。② 中国是陆海复合型和海洋地理相对不利的国家，地缘条件无法与上述四大引领型海洋强国相比，这几乎是个恒定因素。此外，一个国家能在国际海洋秩序中发挥多大作用，主要与其经济实力、军事力量和海洋传统的强弱有关。客观评估中国的这三项实力是探讨其对国际海洋安全秩序影响的前提。

（一）经济实力

中国的迅速发展表现得最为耀眼的是在经济领域。从 1979 年至

---

① 刘丰：《国际利益格局调整与国际秩序转型》，《外交评论》2015 年第 5 期，第 60 页。
② George Modelski, *Long Cycles in World Politics* (London: Macmillan, 1987), pp. 217–227.

2018 年，中国国内生产总值（GDP）年平均增长率接近 10%，是近 40 年来增长最快的经济体，被世界银行誉为"创造了历史上主要经济体持续增长的最快纪录"。[1] 目前，中国是世界第二大经济体，并已成为世界上最大的货物贸易国家、制造业大国和外汇贮备大国。

基于当前的发展趋势，哪怕是低一些的经济增长率，中国的 GDP 超过美国也仅是时间问题。各类国际经济机构和战略预测专家几乎一致认为，中国经济总量将在 21 世纪前半期超过美国。美国国家情报委员会 2012 年 12 月发布的《全球趋势 2030》报告预测，中国将在 2030 年前超过美国成为世界第一大经济体。[2] 国际货币基金组织（IMF）的数据表明，如果按照购买力平价计算，中国在 2016 年就已经是世界第一大主权经济体。[3] 尽管近两年中国经济增长减速，各大机构的预测变得更加谨慎，大谈中国经济转型面临的困难和存在的不确定性，[4] 但也都无法忽视中国经济的增长潜力。

当然，经济总量和经济实力并非一回事，经济的质量也很重要。历史经验表明，海洋强国总是代表最先进的生产力。在经济规模差距不大的情况下，经济的质量往往具有决定性作用。主导性海洋国家必然是一个科技最发达、生产效率最高和发展可持续性最强的大国。

与经济规模相比，对中国经济质量的看法存在更大分歧。多数观点

---

① The World Bank, "Overview," October 1, 2019, https://www.worldbank.org/en/country/china/overview.（2019 年 10 月 3 日登录）

② National Intelligence Council, "Global Trends 2030: Alternative Worlds," p. iv, http://info.publicintelligence.net/globaltrends2030.pdf.（2017 年 7 月 5 日登录）

③ "Report for Selected Country Groups and Subjects（PPP valuation of country GDP）,"International Monetary Fund, World Economic Outlook Database, October 2017, https://www.imf.org/external/pubs/ft/weo/2017/02/weodata/weorept.aspx?.（2018 年 8 月 10 日登录）

④ National Intelligence Council, "Global Trends: The Paradox of Progress,"pp. 184–185, https://www.dni.gov/files/documents/nic/GT-Full-Report.pdf.（2018 年 3 月 6 日登录）

认为，中国虽然是制造业大国和"世界工厂"，但中国经济的科技含量较低，多数产业仍处于从中低端到高端的升级阶段，基础设施投资和房地产业对国民经济的影响过大。十几年来，情况发生了一定变化，中国的科技投入和产出都显著增强。根据世界知识产权组织（WIPO）的统计数据，中国在 2016 年受理专利 1300000 项，连续六年位居世界第一。① 近两年的数据虽然有所波动，但都维持在第一或第二的水平。不过，尽管中国专利申请数量庞大，但专利质量并未同步提高，海外专利申请比重过低，占比不到 5%。中国的研发投入虽然连续多年位居世界前列，仅次于美国。然而，由于底子薄、研发效率较低等原因，中国原创性的、有广泛影响的创新并不多，诸多核心技术仍受制于人。人均GDP 很大程度上反映了一个国家的经济军事效率和质量，用人均效率乘以 GDP 总量能够较为准确地反映不同国家的整体经济和军事实力。② 按照这种测算方法，中国各方面实力都还难以望美国项背。

中国的海洋经济面临与整体国民经济类似的尴尬问题，其总量已经很大，在世界上数一数二，但质量不尽如人意。中国海洋经济起步较晚，但发展迅猛，活动范围已经遍布四大洋，在规模上已拥有多项第一。中国的商船队、渔船队规模世界第一，水产总量和水产总值多年来一直名列世界首位。中国港口货物和集装箱吞吐量均居世界第一。2017年世界上十大集装箱港口有七个在中国，经济社会活动十分活跃。中国海洋经济的产业链已经较为完备。从经济规模来看，中国俨然已是世界海洋大国。

---

① "Trademark, Design Filings in 2016,"https://www.wipo.int/pressroom/en/articles/2017/article_0013.html.（2017 年 5 月 8 日登录）

② Michael Beckley, "The Power of Nations: Measuring What Matters,"*International Security*, Vol. 43, No. 2, 2018, p. 19.

　　然而，中国海洋经济依然大而不强，远不是世界海洋经济强国。与美国、日本、澳大利亚等海洋强国相比，中国海洋产业的发展水平、经济结构和发展潜力均较为落后，面临着一系列严峻挑战，主要包括海洋资源退化、海洋环境恶化、海洋权益侵蚀、海洋管理体制粗放、海洋科技落后以及海洋产业布局不合理。

　　历史上，主导国际秩序需要超强国力。首先需要强大的经济实力，经济规模至少要大于第二大经济体和第三大经济体经济规模的总和。此外，还需要技术领先和软实力，中国离能够主导国际秩序的超强国力还有非常大的距离。① 在现代世界，这一规模标准也许过于苛刻，但即便要做到技术领先，难度也相当之大。

（二）军事力量

　　虽然海权长期被视为主导世界的标配，但成功获得者却寥寥无几。按照莫德尔斯基和汤普森（William. R. Thompson）的标准，在1494年以来五百多年的时间里，只有九个国家能称得上全球海洋大国，它们是葡萄牙、西班牙、英国、法国、荷兰、俄国（苏联）、美国、德国和日本。其中，葡萄牙、荷兰、英国和美国先后成为世界领导者，而剩下的五国则只是曾作为强大的挑战者和威胁者存在。② 作为世界海洋秩序的领导者，它们要么曾拥有的舰艇吨位占同时期世界大国战舰吨位总量的

---

　　① 唐世平：《塑造国际秩序需要超强国力》，环球网，http://opinion. huanqiu. com/1152/2017-04/10473533. html。（2017年9月5日登录）

　　② G. Modelski and W. R. Thompson, *Seapower in Global Politics: 1494-1993* (Seattle: University of Washington Press, 1988) , pp. 25-49.

50%以上，要么海军军费开支占世界海军军费开支的50%以上。[1] 2019年，中国海军舰船的总吨位（约180万吨）仅为美国的（约为460万吨）三分之一强，[2] 预算还不到美国海军的四分之一，差距甚大。

当然，现今时代，规模和吨位的意义严重下降，作战平台的质量和火力单元的数量更具比较意义。海军也不可能单打独斗，整体军事体系的实力才最为重要。中国军队的规模和数量在世界排名前列，但国防现代化建设曾长期处于欠发展状态。20世纪80—90年代中国军费曾极度萎缩，与国家地位很不相称。1999年后，中国开始了"补偿性发展"，军费增长迅速，国防费开支在2008年前后超过日本居世界第二。不过，中国的第二与美国的第一差距很大。2017年，中国国防费开支总额不到美国的四分之一。[3] 根据《军力平衡》（The Military Balance）的数据，中国2018年的军费也只相当于美国的四分之一。[4] 如果计算存量因素，累计投入的差距就更大。尽管从趋势而言，只要中国能保持目前的发展势头，这一差距就会逐步缩小，但在可见的将来，中国军队的预算很难超越美国。

由于中国的军事战略重心长期集中在亚洲和西太平洋地区，远程投送和行动能力严重不足，对世界绝大部分地区缺乏重要的军事影响力，

---

[1] G. Modelski and W. R. Thompson, *Seapower in Global Politics: 1494-1993* (Seattle: University of Washington Press, 1988), p. 106.

[2] Keith Patton, "Battle Force Missiles: The Measure of a Fleet," The Center for International Maritime Security (CIMSEC), http://cimsec.org/battle-force-missiles-the-measure-of-a-fleet/40138. （2019年10月3日登录）

[3] 中国国务院新闻办公室：《新时代的中国国防》，国务院新闻办公室网站，2019年7月24日，http://www.scio.gov.cn/ztk/dtzt/39912/41132/41134/Document/1660318/1660318.htm。（2019年8月12日登录）

[4] "The Military Balance 2019," Volume 119, 2019 - Issue 1, February 15, 2019, https://www.tandfonline.com/doi/pdf/10.1080/04597222.2019.1561026. （2019年10月5日登录）

不仅弱于美国，也弱于英国、法国和俄罗斯等传统世界海洋大国。就质量而言，中国 2015 年启动军事改革，正在建设世界一流军队，但是在作战经验、指挥控制和海外力量投送等方面，离美、英、法等传统军事强国尚有一定差距。

迄今为止，中国军队现代化产生的实质战略影响仍集中在中国周边地区。近年来，中国海上力量的进步确实很快。外界普遍预测，到 2020 年，中国大型主战舰艇的数量将达到 100 艘左右，远远超过英国、法国、日本、印度与俄罗斯，能够在太平洋地区与美国相比肩。① 中国海军正在朝着"世界老二"的位置挺进，但还远谈不上对美国海军形成全局性的挑战。即便假以时日，在陆基、天基等反介入平台的协助下，中国海军最多也只能部分改变西太平洋地区的力量平衡。虽然中国海军从硬件上而言已经是世界第二大海上力量，但受到地缘环境和思维传统的影响，力量发展和布局是"由陆向海"，主要从中国大陆向外延伸力量和影响力，这与美国海军"全球存在、全球攻防"的思路有极大的不同。考虑到地缘、技术和军事体系等因素，中国有可能在 10 到 20 年后在东亚近海对美拥有一定的战略优势。但在近海以外的海域，中国仍无法撼动美国的主导地位。②

在规模和数量方面，中国与美国相差不大，这可能会在全球范围内产生广泛的政治和外交影响。美国海军分析中心在 2016 年曾估算，中国海军的舰艇数量已经超过美国。同时，中国海警舰船规模已经是世界

---

① Michael McDevitt, "China's Far Sea's Navy: The Implications of the 'Open Seas Protection' Mission," in Michael McDevitt, ed., *Becoming a Great "Maritime Power": A Chinese Dream*, CNA, 2016, pp. 46-47.

② 胡波：《中美在西太平洋的军事竞争与战略平衡》，《世界经济与政治》2014 年第 5 期，第 83—84 页。

最大，其拥有至少 95 艘千吨舰，24 艘的排水量超过 3000 吨，500 吨至 1000 吨的则有 110 艘。[①] 此外，中国还有规模巨大的渔船队和商船队。

规模与数量在遂行非战争军事行动和应对非传统安全问题时确实具有战略意义，这为中国改变低政治领域的秩序与规则创造了条件。未来相当长的时期内，美国海军大概率会继续在全球大部分海域维系战略优势。然而，在经济全球化时代和总体和平时期，这种优势的效价比正在急剧下降。维护海洋安全秩序最需要的往往是数量和规模代表的存在能力，而非大规模战争能力。由于中国海军的快速发展，美国海军的平台数量已不具优势。即便美海军实现了"355 艘"的舰队规模目标，[②]相对于中国海军也没有太大的数量优势。根据美国国防部等机构的数据，中国海军舰艇规模已经超过 300 艘，[③] 未来很快会接近 400 艘。从这个意义上讲，中国海军的发展、在全球海域的外交活动以及提供海上公共安全产品的行动也会推动全球海上单极格局走向终结，并将会在海洋安全秩序建构中发挥重要作用。

---

① Ryan Martinson, "The China Coast Guard—Enforcing China's Maritime Rights and Interests, "in Michael McDevitt, ed. , *Becoming a Great "Maritime Power": A Chinese Dream*, CNA, 2016, p. 58.

② 根据美国海军 2020 财年"未来 30 年的造舰计划"，其将通过更快地退役巡洋舰和水雷战舰来建造更多中小型舰艇和大型无人艇，再通过延长"阿利·伯克"级驱逐舰和"洛杉矶"级攻击型核潜艇等主战舰艇服役期限等措施，最快在 2034 年达到 355 艘的舰队规模。这几乎就是增长上限。参见 Office of the Chief of Naval Operations, "Report to Congress on the Annual Long-Range Plan for Construction of Naval Vessels for Fiscal Year 2020, " March 2019, https://www. navy. mil/strategic/PB20_Shipbuilding_Plan. pdf。（2019 年 8 月 10 日登录）

③ Office of the Secretary of Defense, "Military and Security Developments: Involving the People's Republic of China 2019, " May 2019, https://media. defense. gov/2019/May/02/2002127082/-1/-1/1/2019_CHINA_MILITARY_POWER_REPORT. pdf. （2019 年 9 月 15 日登录）

（三）海洋传统

海洋传统也可称为海上软实力，其涉及军事、政治和外交等领域，主要包括国家控制和利用海洋的经验、在国际海洋秩序中的角色把握、解释和运用国际规则的能力。与经济实力和海上力量等硬实力的发展逻辑不同，海洋传统的积淀和提升是个漫长的过程。中国能在较短的时期内快速提高经济和军事实力，但海洋传统的积累才刚刚开始。比如，中国海军缺乏美国海军那样丰富的作战和海外部署经验，相关后方支援和军事训练机制也尚不完善。

中国古代的海洋实践很丰富，也曾多次成为海洋强国。然而就文化基因而言，中华文明相当缺乏"海"的元素。在儒家思想中，海是其非思、未思和不能思之物。在道家那里，"海"仅是一种隐喻、一种空想。① 中国虽然在地缘上一直是陆海复合型国家，古代也有非常丰富的海洋实践，但作为一个国家整体全方位转向海洋，这在中华民族历史上还是第一次。严格意义上讲，这种转向仅在发生在改革开放之后。海洋文化和传统的积淀是个长期过程，需要几代甚至数十代人的不懈努力。

政治能力的作用主要体现在功能层面，即如何更好地将有关海洋的其他资源和潜力发挥出来。政治能力主要包括政府效率和国际威望，后者可以通过同盟体系状况、国际政治地位和外交能力等指标来观察。

如果仅考虑造船速度和近年来军事现代化的成就，中国政府的效率冠绝全球。但若考虑到涉海机构、制度的运行情况，则又有很大不同。

---

① 王凌云：《元素与空间的现象学——政治学考查：以先秦思想为例》，载［德］卡尔·施米特：《陆地与海洋：古今之法变》（周敏译），上海：华东师范大学出版社 2006 年版，第 149 页。

《联合国海洋法公约》签署及生效后，各沿海国纷纷进行适应《联合国海洋法公约》规定的国内体制机制改革，成立内阁级别的国家海洋委员会，制订海洋基本法。就国内涉海机制改革和立法两个维度来看，中国的进展要落后于美国、俄罗斯、日本、英国、法国等大国，甚至也落后于越南、韩国等中等国家。

海洋外交能力主要包括对外战略的设计与执行、外交的技能与技巧、国际法的解释和适用能力等。外交能力与外交实力不同，它与国家实力没有太大关系。大国的外交技能可能较弱，小国的外交技能也可能较强。在国际海洋政治中，由于海洋法的作用越来越大，荷兰、新西兰等小国往往能发挥出远超出其国家实力的作用和影响。近些年，中国海洋外交的成就令人瞩目，进步十分明显。但不得不承认，中国在海洋外交的经验和技巧方面与西方海洋国家尚存在较大差距，海洋外交的自觉意识和工具设计能力亟待提升。就国际海洋法的运用来看，中国对海洋法条款的解释和适用的能力不强，明显不如美国、英国、日本、加拿大、澳大利亚、法国、德国等西方国家。在国际法院（ICJ）、国际海洋法法庭（ITLOS）和常设仲裁法庭（PCA）等机构处理的海洋争端和商业纠纷中，鲜有来自中国的代理律师和法律顾问团队，这从一个侧面反映了中国海洋规则运用能力较为不足。[1]

总的来看，就对世界的影响而言，中国的经济实力作用最强，军事力量次之，海洋传统最弱。无论基于何种标准，中国都绝无可能成为主导型海洋国家，但也确实有潜力对国际海洋秩序发挥举足轻重的影响。谨慎预测，中国的海上崛起将改变西太平洋地区的力量对比，使其更加

---

① 胡波：《后马汉时代的中国海权》，北京：海洋出版社 2018 版，第 102 页。

平衡。中国可以在此基础上参与塑造地区乃至整个世界的大国博弈规则，在推进全球海洋安全公共产品的供给方面发挥重大作用。

目前，并没有一个包容世界各主要国家并被它们接受的国际海洋安全秩序。美国主导的海洋安全秩序的核心是霸权主义的"绝对海洋自由"理念，目的是保障美军在全球海洋行动中的自由和安全。因为美国拥有独一无二的超强全球投送能力，这种自由的绝对化实际上就是对其他国家主权和安全利益的削弱。如前所述，美国及其伙伴和同盟体系主导的海洋安全秩序在世界上占有优势地位，但先天与中俄等国家的安全利益不兼容。随着中俄等国家的海上崛起，这种秩序正变得日益难以维系。在中国等国看来，自身并不在美国主导的海洋安全秩序之内，美国所谓"基于规则的秩序"实际上等同于美国的霸权，因为规则完全是由美国来解读。而在美国看来，中国的崛起对现今的海洋秩序构成了最大挑战。在缩小力量差距的同时，中国还日益加强了与美国在规则解释和制定方面的竞争。[①] 此外，随着全球性海洋安全问题的日趋严峻，全球海洋安全治理渐成显学。但迄今为止，全球海洋安全治理既没有足够资源，也缺乏整体的协调架构。由于大国竞争和自助倾向的加剧，这种失序状态愈演愈烈。

未来国际海洋安全秩序建设的第一大议题是抵制建立排他性架构的冲动，增强相关规则和制度的全球代表性，主题应当是调适。中国等新兴的后发海洋大国如何在拓展自身利益的同时包容美国等西方传统海洋国家的利益和关切？面临中国等国在力量、规则和观念等方面构成的冲击，美国等西方传统海洋强国又该做出怎样的战略和政策调适？如果未

---

① Patrick M. Cronin, "Rising Challenges for Maritime Order," https://www.maritime-executive.com/editorials/rising-challenges-for-maritime-order. （2019 年 8 月 20 日登录）

来有一个全球性的海洋安全秩序，一定是两者间相互包容、相互妥协的产物。其中，中美作为未来世界中最强大的两个海洋国家，它们的选择和互动至关重要。第二大议题是在适应新的国际海洋安全形势和国际海洋政治现实基础上建立新的规则和制度架构，解决国际海洋安全秩序面临的主要问题，主题是重塑。海洋争议解决应遵循何种原则和路径？海洋自由应该如何把握？不同海域的军事行动权利和义务有哪些？各国和非政府组织参与全球海洋安全治理的框架和路径是什么？在诸多问题上，既需要具体的规则或规范，也需要综合统筹的原则和方向。

三、有限多极格局下的新型大国协调

研究海洋安全秩序还需要对未来的海上战略格局作谨慎预测。第二次世界大战后，由于导弹、信息技术和航天技术的发展，海权面临陆权和空权的激烈竞争。从某种意义上讲，海权发展的黄金时期已经过去了。技术发展使得海上行动的偶然性越来越小，因为舰队很难不为人知地集中并采取突袭行动，大型水面舰艇在大洋上很容易被陆基平台侦知和攻击。远程投送和快速机动也不再是海军的专利。在海上特别是毗邻大国的近海区域，海权必须与陆权分享权力。在可预见的将来，中、印、俄等后发海洋大国依然无法在世界范围内挑战美国。但凭借陆权的支持和辐射效应，中国在西太平洋，印度在北部印度洋，俄罗斯在北极附近海域都拥有改变权力格局的潜力。长期来看，美国的海上主导地位将不可避免地衰落，世界海上力量格局将更趋多极化。[①] 核武器的出现和核威慑则杜绝了大国间大规模的战争"洗牌"。应对全球性海洋安全问题也超出了包括美国在内的任何一个国家的能力，大国在解决这类问题时经常会面临数量和存在短缺。在世界其他海域，美国海军仍会享有相当的力量优势，但也不得不与包括中国在内的其他海上力量分享责任和权力。海上格局的转换将非常缓慢，但"一家独大"的局面注定要走向终结。未来世界面临的海上战略格局很可能是一个"有限多极"的长期态势。

所谓"有限多极"，至少有两次含义：一是"极"之间实力相差仍然很大，是非常不平衡的。根据目前的发展趋势，只要各国自身不出大的变数，美国、中国、俄罗斯、日本、印度、英国和法国（或欧盟）很可能都是海上一极。但如前文所述，美国实力依旧超群，中美之间尚有较大差距，而其他国家与中国的差距同样非常巨大。真实的力量结构很可能是"美国+中国+X"。二是权力分散的趋势使得各"极"有些名不副实，大国整体拥有的权力、能力和自由度都呈下降趋势。潜艇、导弹、先进战机和网络技术等在世界范围内扩散，中小国家日益增长的军费开支和海空装备投入正在提升其国际话语权。由于战争成本过高、军事技术的加速扩散以及国际关系的民主化和多元化，海洋强国的战略优势往往局限于周边地区。在其他海域，毗邻的中小海洋国家甚至是大型非国家组织都能对海洋强国构成强大威胁和挑战。

基于历史经验和现实考虑，我们必须承认不同体量的国家在安全事务上的应对能力存在巨大差距，稳定的海洋安全秩序离不开大国协调和

---

① 胡波：《后马汉时代的中国海权》，北京：海洋出版社 2018 版，第 39 页。

大国贡献，因此在秩序构建中需要遵循"共同但有区别的责任"原则。即便是在多极格局之下，世界上绝大多数国家的海军都是近海或近岸防御性的，缺乏影响世界海洋事务的能力。国际关系民主化和平等当然是人类历史发展的大趋势，但从可行性考虑，海洋安全秩序的构建必须以大国为主导，其塑造的关键是如何反映或体现海上"一超多强"的现实力量对比。因此，虽然"基于规则"在今天的国际政治中属于"政治正确"，但我们仍然无法回避"基于实力"的现实，两者需要一个较好的平衡。

在海上的有限多极格局下，任何海洋秩序的构建都离不开大国协调。其一，大国间必须就海洋地缘竞争达成一定的相互克制和相互妥协的机制或默契，防止因竞争失控导致全球海洋安全秩序崩溃；其二，大国需要就应对全球性海洋安全问题和提供海洋安全公共产品形成共识，在计划、步骤和责任分配方面加以协商。

历史上，大国出于共同的利益相互协调的例子并不鲜见。其中，较有名的如拿破仑战争后的"欧洲协调"和第二次世界大战中美、英、苏的"三巨头"战略协调。这类大国协调通常带有互相尊重势力范围的意味，目的是为了对付共同的敌人。比较而言，未来海上多极格局下的大国协调并非源于防止国家间战争状态或者社会革命的威胁，而是各国的经济和社会因为相互依赖形成了"命运共同体"，这种依赖使各国被捆绑在一起。协调的核心内容并非是势力范围或力量对比，而是行为规则和规范。协调也不是大国共治，它实际上还包含大国与中小国家间的关系互动。此外，各类非政府组织的作用也不可或缺，只不过大国由于能力较强而具有更大的责任和义务。因此，我们可以称之为"新型的大国协调"。

关于海洋秩序，和平、合作、和谐、自由、开放、包容、公平、公正和可持续是出现频率最高的词汇。在现阶段，公平、公正和可持续不是安全秩序的当务之急。合作只是一种路径，和谐则是人类的终极目标，可持续主要是针对非传统安全，无法作为整个海洋安全秩序的标签。相较而言，和平、自由和包容是当前及未来一段时期国际海洋安全秩序应优先追求的三大目标。具体而言，国际社会至少需要共同坚持"积极的和平""平衡的自由"和"全面的包容"这三大理念，并相向而行。

（一）积极的和平

大国间的和平竞赛已成为常态，和平崛起成为可能。核恐怖的出现、经济全球化和相互依存的发展、国际规范和世界和平力量的增强使得大国间的和平竞争趋势愈加明显。世界虽依旧战乱不止，但因为大国间的相互掣肘与制衡，总体和平得以维系。大规模武装暴力已经不是当今时代追求海洋利益的最主要手段，跑马圈地和炮舰外交越来越受到国际机制、国际规范和国际舆论的束缚。和平与发展的时代主题虽然也会遇到干扰，但国际机制和国际规范的影响迅速扩大、世界经济高度相互依存仍然是当今时代的最主要特征。由于经济全球化和相互依存的发展，武力手段已经很难有效实现目的。

《联合国宪章》明确强调了和平解决争端的精神，[①] 并通过联合国安理会和联合国大会予以制度保障。战争虽然未能因此杜绝，但战争的

---

① 《联合国宪章》，https://www. un. org/zh/charter-united-nations/index. html。（2019 年 8 月 15 日登录）

门槛和代价无疑变得越来越高。第二次世界大战后去殖民化和民族解放运动如火如荼，第三世界国家作为一支政治力量日益不可忽视，和平的力量日益压倒战争的冲动。就海洋秩序而言，第二次世界大战之后基本上没有再发生大国间的大规模海战，海上决战作为一种海洋国家崛起的方式不再有效。《联合国海洋法公约》的谈判和签署则标志着国际海洋秩序第一次通过和平方式进行了调整。《联合国海洋法公约》多处规定了海洋利用的"和平目的"和"和平用途"。据有关学者的统计，至少有 18 处关于和平的规定。[①]

中国在这样的时代条件下走向海洋和实现民族伟大复兴，必然会受到较历史上所有崛起大国更多的国际法律、国际组织与国际条约的制约，受到比近代欧洲国际体系中更紧密的经济相互依赖的牵制，并受到前所未有的全球性危机的影响。因此，中国无法像历史上欧洲的某些大国那样在外交上"独行其是"，也不可能效仿美国式的孤立主义，不可能建立自己的殖民地、划分势力范围，更不可能依靠扩张性战争，也不可能指望爆发世界大战、坐收渔翁之利。

改革开放以来，中国顺应形势，走和平发展的道路，创造了中国奇迹。在全球经济一体化的时代，中国可以通过海外合作获取能源和原材料等生产要素，也可以通过海外经济合作为本国商品打开海外市场。中国经济发展中的所有要素均可以通过非武力方式获得，因而中国没有压力和动机重蹈 20 世纪前半期德国和日本武力崛起的覆辙。再者，其他大国尤其是霸权国美国同样受到时代条件的限制、相互依赖的影响和国际秩序的制约，它们对中国实施先发制人的打击以保障其权势地位的可

① 宿涛：《试论〈联合国海洋法公约〉的和平规定对专属经济区军事活动的限制和影响》，载高之国、张海文、贾宇主编：《国际海洋法论文集》，北京：海洋出版社 2004 年版，第 39 页。

能性大幅降低。总的来看，这样的时代背景将使得中国有可能走出一条和平的海洋强国之路。

和平是中国外交的底色。2011 年，中国国务院新闻办公室发表《中国的和平发展》白皮书，详细阐述了中国和平发展道路的背景、必然性和世界意义。[①] 2019 年，中国政府发表《新时代的中国与世界白皮书》，强调"中国走和平发展道路，不是外交辞令，不是权宜之计，不是战略模糊，而是思想自信和实践自觉的有机统一，是坚定不移的战略选择和郑重承诺"。[②] 海洋强国建设是中国和平发展道路的一部分，它必须遵循和平发展的总路线。概括而言，中国发展的目标是和平的，路径是和平的，手段也是和平的。这并非是说中国不发展军队、不打仗，而是说中国将主要采取非暴力手段实现战略目标。

首先，积极的和平要求大国间的和平权力转移。今天大国间维持着消极的和平，各类危险因素并没有消除，部分国家仍希望通过武力解决权力竞争问题，海上军备竞赛愈演愈烈。即便主观上没有大国敢于发起或愿意承担针对另一大国的大规模战争，但通过中低烈度对抗和摩擦达成战略目标的冲动还在不断增强。海上博弈没有前后方之分，也没有明确的界限，各方的底线也不十分清楚，彼此威慑的有效性不如陆上沿阵地或边界泾渭分明的对峙。这使得军事冲突升级的路径和前景不可预测，有限冲突的风险反而在升高，其结局则变得更加不确定。[③] 而且，

---

① 中华人民共和国国务院新闻办公室：《中国的和平发展》，国务院新闻办公室网站，2011 年 9 月 6 日，www. scio. gov. cn, http://www. scio. gov. cn/tt/Document/1011394/1011394. htm。（2019 年 7 月 11 日登录）

② 中华人民共和国国务院新闻办公室：《新时代的中国与世界》，2019 年 9 月，http://www. scio.gov. cn/ztk/dtzt/39912/41838/index. htm。（2019 年 10 月 3 日登录）

③ Øystein Tunsjø, "Another Long Peace?" https://nationalinterest. org/feature/another-long-peace-33726. （2019 年 10 月 13 日登录）

军事技术发展的不平衡导致在冲突时进攻策略要远远优于防御策略，很多武器平台都面临着要么"先发制人"、要么"失去（即被人先手打击失去能力）"的困境，这更加剧了冲突升级的可能性。人工智能技术在军事平台上的大规模应用和自主战争的潜在可能使得武装冲突的进程变得更难以控制。因此，各海洋大国需要充分认识到武力的局限和自身实力的极限，洞察军事技术变迁带来的新风险，有意识地通过谈判对话建立相互战略保证，确保竞争不至于失控。各海洋大国还应超越地缘政治竞争，拓展合作与对话空间。该合作的合作，该对话的对话，携手维护世界的海洋和平。

其次，积极的和平需要真正地和平解决海洋争议。目前来看，世界上广泛存在的岛礁主权和海域划界争端很难得到迅速解决，部分争议通过相关国家直接谈判或国际司法裁决的方式得到了缓解，但预计绝大部分争议在未来仍将持续存在很长一段时期。解决争议的方式包括当事国直接谈判、司法裁决或仲裁以及第三方调停，无论采用哪种方式，和平解决争端都是全世界的共识。中国面临错综复杂的海上安全形势，在海域划界、岛屿归属等问题上面临复杂的纠纷和争端。中国在处理、解决所面临问题的同时，既要考虑到自身利益和立场，也要考虑到现行海洋秩序的制约，还要考虑到中国行为对海洋秩序的可能"负反馈"影响。中国解决问题的方式必然会对国际海洋秩序产生重要影响。自20世纪80年代以来，中方先后针对东海和南海问题上提出了"搁置争议、共同开发"的思路，加入了《东南亚友好合作条约》，与东盟国家达成了《南海各方行为宣言》，加快了"南海行为准则"的谈判，很大程度上已经放弃通过武力单方面改变既有现状。中方的经验表明，搁置争议、不以武力或武力相威胁、当事方直接谈判等原则是和平解决海洋争端的基础。

最后，积极的和平还需要有一个海洋安全治理的全球架构。一直以来，全球海洋安全治理的基础都是霸权领导或霸权稳定，英美等海上主导国家提供了绝大多数物质与规则层面的海洋公共安全产品。随着海上战略格局进入"有限多极"，在全球范围内需要一个有效的海洋安全治理平台。联合国及其附属的相关机制依然是国际海洋治理的核心，但其关注重点在于经济和发展领域。联合国一直试图巩固和加强其在全球海洋治理中的中心性。如同气候治理，对海洋问题的治理也是联合国的重要任务，这有助于加强联合国在新的历史条件下的合法性。[①] "国家管辖范围以外区域海洋生物多样性"谈判和《2030年可持续发展议程》都是联合国新近采取的重大举措。不过，目前的国际海洋安全治理还是以区域为主，在欧洲、南亚、南太平洋、地中海和北极等区域内都有形式多样的海洋安全治理框架。有的地方制度化程度相对较高，有的地方则相对较低。其中，较有代表性的是欧盟。2014年6月，欧盟理事会正式通过《欧盟海洋安全战略》，旨在探索将分散孤立、职能重叠的治理单元转变为整合集成、协调统一的综合治理框架。[②] 鉴于大国在安全治理中的特殊作用，有必要在联合国相应机制如安全理事会下设海洋安全工作组，或由海洋大国牵头成立全球海洋安全论坛，通过大国的协调、中小国家和国际组织的参与完善全球层面的治理机制。

---

① 庞中英：《在全球层次治理海洋问题：关于全球海洋治理的理论与实践》，《社会科学》2018年第9期，第8页。
② 陈菲：《欧盟海洋安全治理论析》，《欧洲研究》2016年第4期，第88页。

（二）平衡的自由

自由是海洋的重要基因，任何海洋秩序都离不开对自由的探讨。"海洋法的历史事实上为海洋强国和普通沿海国家之间的冲突所主导，前者寻求毫无阻滞的航行自由和资源开发，后者则主张对近海的特定海域享有专属权利。"[①] 倘若我们回顾国际海洋秩序的演变历史，不难发现海洋秩序在建构过程中一直存在"自由"与"控制"，"开放"与"封闭"，"分享"与"独占"之争，并且此消彼长、此起彼伏。最终形成了"公海自由"以及沿海国得以对沿岸特定海域行使排他性管辖权的二元结构。[②] 海洋自由是指各国在尊重国际法和沿海国国内法的基础上最大限度利用海洋的自由，主要包括公海航行和飞越自由、利用海洋进行贸易的自由以及利用和开发海洋资源的自由。[③] "封闭"是指沿海国希望对他国在自己享有主权和主权权益的空间内的活动进行一定程度的限制，以保障自身的资源利益和国家安全。通常而言，海洋强国秉持的是"海洋自由（Mare Liberum）"理念，而一般沿海国主张的是"海洋封闭（Mare Clausum）"原则，体现为沿海国在其管辖海域的排他性诉求。

在广大发展中国家的努力之下，《联合国海洋法公约》朝着"海洋封闭"的方向前进了一大步。大陆架和专属经济区制度的确立标志着

---

① Dinah Shelton and Gary Rose, "Freedom of Navigation: The Emerging International Regime," *Santa Clara Law Review*, Vol. 17, No. 3, 1977, p. 523.

② 郑志华：《中国崛起与海洋秩序的构建——包容性海洋秩序论纲》，《上海行政学院学报》2015 年第 3 期，第 97 页。

③ 曹文振、李文斌：《海洋自由制度的完善：内涵、主体与动力》，《亚太安全与海洋研究》2016 年第 1 期，第 54 页。

沿海国对管辖海域资源的所有权在世界上得到广泛认同，这也包括鼓吹"海洋自由"的美国。随着人类科技和开发能力的快速发展，部分沿海国借助"国家管辖范围以外区域海洋生物多样性"谈判在专属经济区及大陆架以外的海洋空间掀起新一轮的"海上圈地"行动，试图进一步圈占全球海洋空间。

海洋自由原则与海洋封闭原则之间的更大争议是关于军事活动的自由。《联合国海洋法公约》在此留下了模糊或空白。例如，在他国专属经济区内从事"军事测量"及其他军事活动是否合法是《联合国海洋法公约》制定过程中悬而未决的问题。分歧主要源自对专属经济区内的剩余权利、其他国际法用途、和平利用海洋、适当顾及条款、海洋科学研究与军事活动等规则的不同认知和解释。① 一方面，《联合国海洋法公约》第五十八条规定，"在专属经济区内，所有国家，不论为沿海国或内陆国，在本公约有关规定的限制下，享有第八十七条所指的航行和飞越的自由，铺设海底电缆和管道的自由，以及与这些自由有关的海洋其他国际合法用途"。另一方面，又强调"各国在专属经济区内根据本公约行使其权利和履行其义务时，应适当顾及沿海国的权利和义务，并应遵守沿海国按照本公约的规定和其他国际法规则所制定的与本部分不相抵触的法律和规章"。②

如同主权原则是国际公法和国际关系体系的支柱，"海洋自由"原则是国际海洋法和国际海洋秩序的最重要基础。"海洋自由"的理念起源于古罗马时期，在17世纪初被雨果·格劳秀斯（Hugo Grotius）等人

---

① 王泽林：《论专属经济区内的外国军事活动》，《法学杂志》2010年第3期，第124—125页。

② 参见《联合国海洋法公约》，http://www.un.org/zh/law/sea/los/article5.shtml。（2017年7月5日登录）

发扬光大，其背景是世界地理大发现与欧洲的大规模海外扩张。格劳秀斯认为，"海洋应当为人类共同使用，并向所有国家开放"，其是无法被占有的，也是不能被占有或控制的，"每个人都可以在海上进行自由航行和自由贸易"。① 需要指出的是，"海洋自由"原则从一开始就不是单纯的法律或理念问题。格劳秀斯的学说本就是为了挑战葡萄牙对东印度航道和贸易权的垄断，服务于荷兰的海外扩张。自格劳秀斯发明"海洋自由"这一经典命题以来，该命题就成为后起海洋国家改变现存海洋秩序的利器。从历史上看，"自由海洋"这一命题成为任何一个具有海洋雄心的民族试图打破现状、挑战老牌海洋霸主时的便利武器和永恒修辞。②

400年来，"海洋自由"的内涵并非一成不变。格劳秀斯所说的"海洋自由"主要是航行自由和捕鱼自由。随着主权原则、领海概念特别是专属经济区制度的形成和深入实践，"海洋自由"的二元结构逐渐形成。一方面，"海洋自由"转向"公海自由（Freedom of the High Seas）"，内涵上也有了极大丰富。③ 1958年，《公海公约》对海洋自由进行了新的拓展，增加了"铺设海底电缆与管线自由"以及"公海上的飞行自由"。1982年，《联合国海洋法公约》又增加了"建造国际法所容许的人工岛屿和其他设施的自由"和"科学研究自由"。值得注意的是，这两个公约在其英文文本中均以"interalia"一词对公海自由进行了不完

---

① ［荷］雨果·格劳秀斯：《论海洋自由——或荷兰参与东印度贸易的权利》（马忠法译），上海：上海人民出版社2005年版，第29页。

② ［德］卡尔·施米特：《陆地与海洋：古今之法变》（周敏译），上海：华东师范大学出版社2006年版，第7页。

③ Yu Harada and Seiya Eifuku, "The Security of the Sea," *East Asian Strategic Review*, 2018, The National Institute for Defense Studies, p. 10.

全列举。这体现了海洋自由的动态属性，为新的海洋实践提供了制度空间。① 当然，公海自由实际上也是有限制的，它"应只用于和平目的"。

同时，"海洋自由"也受到越来越多的制度和技术限制。领海的概念和实践出现于 18 世纪末，主要是出于对安全的考虑。一开始领海的宽度是 3 海里，即当时舰炮的最远射程。领海的宽度随着技术的变迁也一直在变化，直到《联合国海洋法公约》明确规定领海的最大宽度为 12 海里。专属经济区制度则赋予了沿岸国最远 200 海里的对经济活动的管辖权。在全世界近 34% 的海域内，海洋自由事实上只有"航行自由"，包括捕鱼、科考等在内的经济和社会活动都受到了沿海国的限制。对于专属经济区内的"航行自由"，沿海国也通常有一些或明或暗的技术性限制，特别是会针对他国的军事活动和军事测量。争议的焦点在于，其他国家在专属经济区内享有的军事"航行自由"是否等同于公海中的权利，还是说应该受到一定限制，关于这一点，《联合国海洋法公约》没有明确说明。《联合国海洋法公约》既重申了航行自由，同时又强调要对沿海国的权利和义务有适当顾及。② 虽然专属经济区制度设立的初衷主要是为了保护沿海国的经济权利，但是在具体实践方面，其他国家在沿海国专属经济区中的军事行动不可能是毫无条件和限制的，比如行动应该是基于和平意图。

对海洋自由的批评主要有三个方面：其一是海洋自由容易沦为海洋强国和海洋大国推行强权政治、攫取海洋利益的工具和托词。传统自由

---

① 张湘兰、张芷凡：《论海洋自由与航行自由权利的边界》，《法学评论》2013 年第 2 期，第 77 页。

② 《联合国海洋法公约》第五十八条，https://www.un.org/zh/documents/treaty/files/UNCLOS-1982.shtml#5。（2017 年 7 月 11 日登录）

主义的海洋秩序观重视各国直接互动时的形式自由和平等，而忽略他们之间非直接的结构性联系所带来的实质不平等。① 由于能力的差异，法律上的平等带来的却是事实上的不平等。其二是海洋自由的前提条件已经部分发生改变。被格劳秀斯、约翰·洛克（John Locke）等自然法思想家看作"海洋自由论"前提的论述已经不再正确，比如海洋取之不竭、用之不尽，不能划界、难以占有，等等，均已失去其基础。海洋空间在人类无止境的欲望以及日益发达的科技面前，无论是海中的生物资源还是海底的非生物资源都已经日益显现出稀缺性；海域与大陆架划界在技术上也不成问题。其三是过于强调海洋自由将导致海洋失序。自由是"双刃剑"，如果把海洋视为没有任何限制的区域和"通向四面八方的道路"，自由必然变得不可持续。"当今世界频繁发生的海盗袭击、恐怖行动、大规模杀伤性武器的扩散以及破坏海洋生态等行为等日益构成对全球公域的安全、开发与自由准入危害，从而也危及世界经济体系健康、繁荣和安全的基础。"②

　　自由是海洋秩序相对于大陆体制的最大特点。作为海洋大国，中国总体上应坚持捍卫海洋自由。但是与此同时，需要对当前海洋自由中的霸权主义和强权政治进行一定限制。"海洋自由"和"适当顾及"原则宜平衡发展，既不能过度强调"自由"而忽视沿海国的主权和安全，也不能过度强调"适当顾及"而违背海洋自由的精神。中国既是世界大国，又是发展中国家；既是海洋大国，又是陆海复合型国家。中国的

---

　　① 郑志华：《中国崛起与海洋秩序的建构——包容性海洋秩序论纲》，《上海行政学院学报》2015 年第 3 期，第 102 页。

　　② 杰弗里·蒂尔：《公海自由：为何如此重要》，https://assets.publishing.service.gov.uk/government/uploads/system/uploads/attachment_data/file/207176/Why_it_matters_sc.pdf。（2019 年 9 月 15 日登录）

海洋实践本身就必然是一种试图实现平衡的探索。未来的海洋安全秩序既非广大发展中国家要求的那样以主权和海洋权益为核心，也非美国所主张的绝对自由下的霸权。自由与主权之间要有适当平衡。

（三）全面的包容

开放包容是海洋文明的最主要特点。然而，由于人类的私利和权力欲望的作祟，这种开放包容历来都是不完全的，具有明显的狭隘性。西方大航海的实践直接催生了世界体系的形成。近代以来，西方国家凭借强大的海上力量控制着海洋，广大亚非拉地区因为海洋的连通性而沦为殖民地。自马汉系统地提出海权理论以来，谋求海洋控制就一直是海洋强国的主要诉求。但事实上，没有国家能够像在陆地上那样完全控制哪怕一小片海域。很大程度上，海洋控制并非是一种要实现的目标和现实，而是一种能力，这并非意味着要每时每刻都能支配全球海域，它通常指的是一种为达成其他目的在特定时间及地点对海洋实施局部控制的能力，以及为了完成这些目标而保持这种局部控制的能力。[1] 在两个海上强国的较量中，完全控制海洋为己所用或完全阻止对手使用海洋的情况是不太可能或者较少出现的。[2] 与陆地统治相比，海洋权力先天带有可分享特征。在经济全球化和复合相互依存深入发展的今天，海洋权力日益分散，海洋控制渐渐让位于海洋分享。国际海洋政治的开放包容既

---

① Naval Surface Force Command, *Surface Force Strategy: Return to Sea Control*, p. 20, https://www.public.navy.mil/surfor/Documents/Surface_Forces_Strategy.pdf. （2017 年 6 月 8 日登录）

② Milan Vego, "Getting Sea Control Right," *U. S. Naval Institute Proceedings*, Vol. 139, No. 11, 2013, https://www.usni.org/magazines/proceedings/2013/november/getting-sea-control-right. （2017 年 5 月 4 日登录）

是人类进步的内在要求，也是世界各大国不得不接受的客观现实。

在开放问题上，中国历史上有过多次的反复和波折。但谈到包容，中国可能是世界上最有发言权的大国。中国历史上从未有过宗教战争，更没有欧洲式的黑暗的"中世纪"。自古以来，中华文明的主体对外族人和外来文化总能做到包容。中国是世俗文明，没有宗教的束缚和历史的包袱，也没有排外的基因。中华民族本身就是个大熔炉，中华文明的发展也是不断博采众长的结果。环顾世界上诸大国，中国是其中唯一在历史上没有受一神论信仰支配的国家，因而也是"世俗理性"最为发达的大国。所谓"世俗理性"并不是摒弃信仰，也不是不重视价值和道义的作用，而是不把所谓的信条或价值绝对化，不把推广或输出信条作为现实目标。①

"全面的包容"包括包容其他国家的海上权力和力量存在，包容其他国家的海洋利益和关切，包容其他国家的价值观和规则，不能以某一集团的利益和规则为主导。这首先要求观念上的革新，在各国领海以外的全球海域，世界各大海上力量的存在已经成为常态，坦然接受这种共存即是包容性理念的体现。鉴于海洋争议的长期性和复杂性，各国在坚持自身主权和海洋主张的同时，也需要认识到其他相关方的客观利益存在和合理关切。"全面的包容"不仅具有改变西方中心主义价值观的作用，同时还有防范冲突升级和促进国际合作的作用。相互包容还为国际合作提供了基础，因为没有相互包容就没有妥协的余地，不妥协就无法进行合作，特别是无法开展预防性的安全合作。②

---

① 张胜军：《中国思维助力国际政治"走出中世纪"》，澎湃新闻，2015年1月13日，https://www.thepaper.cn/newsDetail_forward_1291958。（2017年5月4日登录）
② 阎学通：《无序体系中的国际秩序》，《国际政治科学》2016年第1期，第30页。

开放包容是追求积极和平之前提，其难点在于对彼此权力的包容。在亚太海洋的局部区域，美国占绝对主导的单极结构正在让位于中美间一定程度的均势格局。战略界通常所说的中美权力转移实际上主要发生在亚太地区特别是东亚区域。美国及其主导的安全体系需要包容中国的崛起，中国则需要包容美国等国在该地区合理的利益和军事存在。崛起后的中国仍然需要在东亚地区与美国实现权力共存，因为中国不太可能在该地区构建起排他性的势力范围。哪怕是在第一岛链内的毗邻近海，任何试图将美军逐出西太平洋的设想都是不现实且相当危险的。诚然，中国在不出现大的战略失误的情况下，未来有望在近海取得对美国的战略优势，但这种优势只是相对的。美军在东海、南海等区域仍然有强大的行动能力，美军的区域拒止能力尤其不能忽视。鉴于中国自身的海洋地理、海上能力和海外伙伴支持等条件远不能和美国相提并论，美国依然可以在远离中国大陆的广袤海域维系其主导地位。

这种包容还需要一系列规则和制度作为保障。未来，决定国际海洋安全秩序的关键是中美能否相互包容。中美两国在海洋理念和海洋规则上的异同对于国际海洋秩序的演进至关重要，也正在对海上权力转移的进程发生重要影响。双方有必要加强在完善海洋法与国际海洋机制上的对话与合作，促进双方海洋观的接近。不求完全弥合分歧，但求能更好地理解对方的言论及行为。

中美关于海上行为规则的最大现实分歧在于专属经济区内的军事行动权或管辖权。中方强调《联合国海洋法公约》第五十八条第 3 款的"适当顾及"原则，认为其他国家在本国专属经济区内的军事活动应照顾中国的安全和利益。在 1998 年生效的《中华人民共和国专属经济区和大陆架法》中，强调了航行及飞越自由需"遵守国际法和中华人民共和国的法律、法规"。美国倾向于认为 12 海里外都是国际水域（international water），美军享有绝对的行动自由，沿海国无权干涉。双方的主张在国际上都能找到支持者，代表着两种不同的海洋实践，各有其合理和不合理的成分，彼此相互指责并无太大意义。较为现实的路径是，双方通过对话和交流，就在他国专属经济区内的行为形成一个负面清单，确定哪些军事行动是不允许的。以此促进中美间在理念和规则上逐渐接近，缓解双方的摩擦与对抗。

随着中美舰机相遇事件的频繁发生，双方迫切需要发展出一套在该地区共存共处的地区规范。美军不太习惯中国海上力量的快速增长，而崛起后的中国军队对如何处理与美军的关系也缺乏经验。由于两国的军事力量将长期在广袤的西太平洋地区共存，该地区正变得越来越拥挤，彼此针对对方的军事行为将不可避免。为了避免误判和潜在的危机升级，两国有必要就双方的军事行为形成一套规则或规范，海空相遇安全行为准则和重大军事行动相互通报机制就是共享规则的很好典范。下一步，两军应继续深入磋商，争取就该地区的军演、侦察和水下活动等具体军事行动的"底线"达成共识，杜绝危险行动。①

中美作为未来世界上最大的两个海洋国家，拥有世界上最多的海上作战平台和最全面的行动能力，它们之间的利益和观念融合是建立全面包容的海洋安全秩序的先决条件和基石。设若中美能够建立包容性的军事安全互动模式，必然会对印度洋、北极等地区的博弈产生积极影响，进而成为全球性的行为准则，使得"有限多极"格局下的大国协调成为可能。

---

① 胡波：《中美海上和平共处的三大前提》，《中国军事科学》2018 年第 4 期，第 62 页。

四、结论与展望

任何关于国际秩序的有效倡议都离不开对自身实力、国际环境和时代潮流的客观分析和积极呼应。既需要务实精神，也需要一定的理想主义。中国的发展显然到了需要认真思考和澄清自身国际秩序主张的阶段，这不是仅强调中国特色和改良者身份所能解决的。要探索一套新的国际秩序主张，首先必须搞清楚起点在什么地方，即当前的国际秩序究竟是什么样的。如前文所述，海洋安全秩序无疑仍是美国主导，而海洋政治经济秩序则早就是广大中小国家和发展中国家的"主场"，两者的"分道扬镳"是值得高度重视的现象。今天，大国海洋地缘竞争升温，美国的领导作用下降，海洋安全问题却越来越多。对于中国而言，一方面需要继续推进国际海洋政治民主化，另一方面也要切实重视与各大海洋强国的战略互动。

在国际实践中，虽然都有竞争，但经济秩序和安全秩序的逻辑显然是不同的。前者能够创造出新的福利，体系需要的是良好公平的分配机制，追求的是各方面的效益最大化；后者的成功在于有效的制衡与限制，缓解安全困境，最重要的是国家间的和平共存，体系的诉求是如何更好地约束每个行为体，特别是大国。一般而言，安全秩序的制度化程度不如经济秩序，它有时仅仅是一种共识或相互尊重的现实存在。是否存在有形的机制并非判断安全秩序强弱的唯一标准。在一个多极世界中，国际海洋安全秩序构建的关键是大国能否自我克制和相互协调。大国是解决三大类海洋安全问题、构建新型秩序的主力。中小国家和国际组织的作用确实越来越重要，但它们必须在大国协调的前提和框架下方能有所作为。

在看到海洋安全形势恶化和国家自助倾向加剧的同时，也要看到国际社会的进步。西方主导下的自由主义秩序无疑正在衰落，但不会被帝国秩序所代替，今后的任何国际秩序都不可能完全建立在超级大国或主要强国的实力基础之上，而是建立在所有国家对自身权力的主动限制或相互约束之上。① "大国协调"是相对可行的路径，因为大国关系是海洋安全秩序中的主要矛盾。大国的自我克制才能为世界提供全球性海洋安全秩序的基础，大国间的合作则能大幅增强国际海洋安全公共物品的供给。当前，海洋战略格局正从一个单极世界转向"有限多极"，霸权一言九鼎的时代将一去不复返。美国不可能维持现有的海洋安全秩序，而中国等其他海洋大国将来也不可能拥有美国曾经的实力和地位。不过，未来维护海洋安全的资源和能力仍会集中在几大海洋强国手中，任何可能的秩序都离不开它们之间的政策协调，其中中美之间的协调尤其重要。尽管中美海洋地缘战略竞争愈演愈烈，双方却是彼此在海上的最大潜在合作伙伴。

基于大国协调的思路，"积极的和平""平衡的自由"和"全面的包容"应是中国乃至全世界在海洋安全领域锲而不舍的主张和追求。海洋安全秩序当然不是完全独立的，它与海洋政治经济秩序有着复杂多元的联系，它的演进也与国际秩序的整体发展密不可分。它们的运行逻辑不同，但无法完全割裂，必然相互影响。

本文的主要目的在于对国际海洋安全秩序与中国角色做一个相对实

---

① *Annual Report: Time to Grow Up, or the Case for Anarchy*, September 30, 2019, p. 24, http://valdaiclub.com/a/reports/annual-report-time-to-grow-up/. （2019 年 10 月 18 日登录）

证的研究，提出相关改革主张的具体方向，尚未对其与国际海洋政治经济秩序的关系等问题做实质探讨。这是本文研究的一大特点，同时也是最大不足之处，未来还有待继续探索。另外，大国协调是努力的方向，但还远不是现实，也不是中国单方面就可以推进的。本文的观点也不宜机械地视为政策建议。不过可以肯定的是，如果大国间无法有效协调，未来全球海洋安全秩序的对立化、碎片化和失序化将成为可怕但却最有可能的发展趋势。

东北亚海洋圈的构想与构建[*]

李雪威^{**}

2019 年 4 月 23 日，习近平主席在青岛会见应邀出席中国人民解放军海军成立 70 周年纪念活动的多国代表团团长时，提出推动构建"海洋命运共同体"的倡议，"海洋命运共同体"的提出为东北亚地区海洋合作提供了从构想到实践的理念基础与行动方向。2019 年 12 月 24 日，李克强总理在第八次中日韩领导人会议上提出，"中方建议三方联合发起'中日韩蓝色经济合作倡议'"，明确将海洋作为中日韩合作的新领域。新冠疫情之下，中国把握重要机遇窗口期，持续深耕东北亚，拓宽合作领域，创新合作方式，搭建地区海洋合作平台。在这一背景之下，打造东北亚海洋圈的构想应运而生。本文主要对东北亚海洋圈的概念、定位、构建意义，及构建的现实基础和动因、实践困境、构建路径进行梳理和分析。

———————

＊ 本文发表于《东亚评论》第 33 辑，略有改动。

＊＊ 李雪威，山东大学国际问题研究院海洋战略与发展研究中心执行主任，山东大学东北亚学院国际政治与经济系教授、博士生导师。本项研究为国家社科基金重大项目"东北亚命运共同体构建：中国的思想引领与行动"（项目编号：18ZDA129）阶段性成果。作者感谢张蕴岭教授、庞中英教授为本文提供的指导。

一、东北亚海洋圈的概念、定位及构建意义

地球大部分面积是海洋，海洋的重要性不言自明。传统的以国家为本位的世界观曾一度固化了海陆二元认知，但这并不能抹杀海洋之于陆地天然的连接作用。从全球生态来说，人类与海洋是一体的，是一种共生关系。正如习近平主席所指出的："海洋孕育了生命、联通了世界、促进了发展。我们人类居住的这个蓝色星球，不是被海洋分割成了各个孤岛，而是被海洋连结成了命运共同体，各国人民安危与共。"① 基于这样的认识，习近平主席提出要推动建设海洋命运共同体。海洋命运共同体构建需要从多层次、多方式来推动，在东北亚地区，推动东北亚海洋圈的合作具有重要的意义。

（一）东北亚海洋圈的概念及定位

全球海洋被划分为太平洋、大西洋、印度洋和北冰洋，各大洋都形成了具有不同特征的大洋圈，而在大洋圈内，又形成了多种具有不同特征的海洋圈。海洋圈是对一定海洋区域的一种定位，基于不同特征与要素，有的海洋圈基于生物族类特征，称之为海洋生物圈；有的基于经济的联系，称之为海洋经济圈。东北亚海洋圈也具有其独特的定位。从目标来看，东北亚海洋圈是基于自然地理特征、但又超越自然地理特征、

---

① 《习近平集体会见出席海军成立 70 周年多国海军活动外方代表团团长》，新华网，2019 年 4 月 23 日，http://www.xinhuanet.com/politics/leaders/2019-04/23/c_1124404136.htm。

共同解决区域性海洋议题的海洋治理圈。从功能来看，东北亚海洋圈不同于单一特征与要素的海洋圈，它是包括政治、安全、经济、文化、生态等多种要素有机统一的复合型海洋圈。从地理范围来看，东北亚海洋圈的狭义定位是指与东北亚国家连接的海域，广义定位还包括连接美加两国的海域（即北太平洋圈）和连接北极的北冰洋部分海域。本文的分析以狭义定位为重点，也涉及广义定位中的一些问题。特别是，美国作为海洋霸权国家，在东北亚地区有着直接的介入与参与，美国因素对定位与分析东北亚海洋圈至关重要。

东北亚海洋圈合作是指东北亚地区国家之间在涉海问题上基于共同利益采取的共同行动。当今世界海洋问题突出，东北亚海域的区域性海洋议题很多，需要开展共同协商，采取集体行动，推动海洋的持久和平与可持续发展，是构建东北亚"蓝色伙伴关系"的有益尝试。

（二）东北亚海洋圈的构建意义

当今世界正处于"百年变局"中，一方面，海洋领域呈现出海上力量格局多元化、海洋利益诉求多样化、海洋制度与机制参与需求普遍化的趋势，传统的、以控制和霸权为特征的海洋理念已不合时宜。海洋问题日益严重的现实催生了国际社会对塑造以分享、包容为特征的、全新的海洋价值理念和行为规范的期盼，东北亚海洋圈的构建正是在践行这种全新的发展理念。

长期以来，东北亚地区事务的政治化、安全化问题一直干扰着地区安全机制的构建和区域合作进程，海洋领域也不例外。东北亚海洋圈是以问题导向的机制构建为支撑的，是构建功能化合作机制的有益尝试，这些问题关乎域内各国切身利益，需域内国家采取集体行动方能解决。这是在政治化、安全化的负面影响始终存在的情况下，为有针对性地解决区域性海洋问题而采取的新行动，成为推动东北亚域内国家跨越分歧、通力合作的驱动力。

自 15—16 世纪新航路开辟以来，历任西方海上霸主都致力于打造海上强权、霸权秩序，中国走向海洋的时代背景和价值理念不同于西方，致力于用和平的方式走出一条全新的大国崛起之路，构建和谐的东北亚地区新秩序。推进东北亚海洋圈的形成是在东北亚地区打造一个构建海洋新秩序的试验场，打造共生、共利、共建的东北亚海洋命运共同体。

东北亚海洋圈是一个海陆连接的区域，具有共生、共利、共建的性质。共生性体现在：海洋的连续性、流动性把域内国家连接成一个命运共同体，各国共生共存。比如，海洋生态具有鲜明的共生性特征，生态环境的破坏主要是人类活动，污染排放、过度开放与捕捞造成的，而海洋生态的恶化又会对人类的生存环境造成严重的影响。共利性体现在：第一，各国共处这个基于地缘连接的区域，经济、安全、人员利益紧密相连，已经建立起密切的相互依赖关系，具有守望相助，共同发展的基础；第二，海洋资源、海洋环境是各国的共同财富与生存依托。因此，维护海洋圈内的和平与合作符合各方的利益。共建性体现在：海洋圈是一个整体，不可分割，构建圈内的共生环境、共同安全、共同发展需要共同参与，需要形成共同的理念认知与共识，需要共同承担责任，共建基于命运共同体的新秩序。

二、构建东北亚海洋圈的现实基础和动因

圈于长期存在的安全困境，东北亚海洋治理进程较为缓慢，但随着东北亚地区形势的变化，构建东北亚海洋圈仍具有一定的现实基础和实践动力。

（一）海洋认知的共识渐增

在遥远的古代，环日本海交流圈和环黄海、东海交流圈就已将东北亚地区连成一体，为今日之东北亚海洋圈的构建奠定了久远坚实的历史基础。

人类早期的海洋活动主要是利用浮筏漂流。受地理环境、千岛寒流和对马暖流、季风分布情况的影响，在相对封闭的日本海首先形成北部交流圈。随着造船和航海技术的不断提高，人类逐渐步入到舟船沿岸航行时代，这一时期，环黄海沿岸航路的开通以及跨黄海与跨东海航路的相继开通推动了环黄海、东海交流圈的形成。经济发展水平的差异性和民族、文化的多样性促使东北亚各国间交流往来、互通有无。在古代，由于朝鲜半岛以北的中国东北地区长期被古代少数民族占据，这里的陆路交通时常受阻，海洋遂成为东北亚地区核心文明与边缘文明双向流动的重要通道，黄海和东海也因此在古代东北亚各国间的交流中扮演者重

要角色。[①] 在漫长的历史发展过程中，人们较早形成了海洋是贸易和人员往来的通道的观念，认识到海洋所蕴含的"海运力"。海洋的通道功能具有双重属性，它既是对外交往的通道，也是外敌入侵的通道，沿岸国家在抵御海上入侵的过程中逐步形成海防观念，认识到修建海防工事、建设强大水军的重要性。

近代以来，随着西方殖民者的入侵，东北亚海域在继续扮演贸易通道角色的同时，更多地沦为殖民者入侵的通道和争霸的战场。19 世纪马汉的"海权论"问世，对世界产生深刻影响。马汉的海权（Sea Power）有狭义和广义之分，狭义的海权是指海军力（Naval Power），具体地说，就是指制海权（Command of the Sea）；[②] 广义的海权是海军力和海运力（海军、海上基地、商船队、海上交通线等）的结合。19 世纪，中日韩相继被迫打开国门，却走上了不同的发展轨迹，受马汉"海权论"的影响也不尽相同。日本将马汉的"海权论"引入国内大加宣扬，凭借对海军建设的狂热以及对海军作战战术的出色运用在东北亚海域崭露锋芒。中国的近代海军建设蹒跚起步，但囿于当政者的保守观念和动荡的时局，未能打造出一支强大海军。朝鲜半岛则在长期厉行海禁政策之后，被日本吞并，丧失了建设海军的自主权。沙俄核心利益在欧洲，且陆军是军队建设主要方向，海军建设重点是波罗的海舰队和黑海舰队，对太平洋舰队投入较少，因此无力掌控东北亚制海权。在帝国主义国家争霸的年代，东北亚国家或主动或被动、不同程度地加深了对海上军事力量即"海军力"重要性的认识。

---

① 李雪威：《韩国海洋战略研究》，北京：时事出版社 2016 年版，第 10—13 页。

② A. T. Mahan, *The Influence of Sea Power upon History: 1660–1783*, British Library, Historical Print Editions, 2011; George Modelski & William Thompson, *Seapower in Global Politics: 1494–1993* (Macmillan, 1988), p. 9.

二战结束后，朝鲜战争的爆发推动两大阵营对峙格局在东北亚加速形成。冷战时期，以美国为首的西方阵营在西太平洋形成海上围堵之势，旨在对社会主义国家彻底实施经济封锁、政治孤立与军事遏制，切断了中苏朝与美日韩间的海上联系。与此同时，美国掀起"蓝色圈地运动"，在东北亚地区的海洋资源勘探行动增多。《联合国海洋法公约》的讨论与生效大大增强各国海洋意识，受这些因素影响，东北亚地区也顺势掀起了海洋开发热潮。但鉴于东北亚海域是冷战对峙的前沿阵地，两大阵营在安全领域的互不信任也投射到经济领域，这一地区的海洋资源开发呈现出激烈竞争的态势，始终未形成合作格局，其产生的负面影响一直延续至今。

尽管如此，随着海洋科技的发展，海洋实践的推进，东北亚国家海洋观念不断得以提升，已超出马汉"海权观"的时代局限，其内涵日益丰富，不单指海上权力、海上力量，还拓展出海洋能力、海洋影响力等概念意涵。对于"Sea Power"一词，东北亚各国表述不同，苏联称其为"海上威力"，韩国称其为"海洋力"，日本称其为"海上支配力"，与马汉的海权概念不尽相同。1976年，苏联海军司令苏谢·格·戈尔什科夫出版了《国家的海上威力》（The Sea Power of the State），指出"海上威力"（Sea Power）是包括"海运力""海军力""海洋考察和开发力""水产力"等的综合性概念;[1] 几乎在同一时期，韩国国内对"海洋力"（Sea Power）的探索与研究也开始起步，1977年，韩国国防大学教授李善浩便在其著作中指出，在经济资源开发利用的时代，"海洋力"的构成要素应包括"海军力"及其基地、"海运力"及造船

---

[1] S. Gorshkov, *The Sea Power of the State* (Oxford, New York: Pergamon Press, 1979) , pp. 13–14.

与修理、水产及海底资源开发、海洋探查等能力。① 这一时期，随着海洋资源开发、海洋勘探等活动的开展，对海洋科技力的重视程度大为提高。日本是高度重视海上军事力量和海上安全的国家，不断打造"海上支配力"（Sea Power），但随着海洋实践活动的开展，也日益关注海洋资源开发、海洋科技等非军事因素。

冷战结束后，随着两极格局的解体、经济全球化的深入推进，中韩、俄韩关系正常化，东北亚国家的海上联系日益密切，各国海洋观念得到进一步深化。20 世纪 90 年代初，《联合国海洋法公约》《气候变化框架公约》《地球宪章》和《21 世纪议程》等一系列规范国际环境行为准则的国际公约的正式生效和纲领性文件的相继出台，大大提升了世界各国的海洋保护意识。1993 年，美国海洋学者路克·卡佛士（Luc Curvers）在其《海权：环球之旅》（Sea Power：A Global Journey）中提出，"Sea Power"不仅是"海军力"和"海运力"等利用和控制海洋的能力，还应该是保存和保护海洋的综合能力，在世界范围内引起广泛关注。与此同时，中、日、韩、俄因推进工业化进程造成的环境污染问题日渐显露，开始在本国海洋实践过程中重视海洋环境的保护和修复。20 世纪 90 年代初，中、日、韩、俄均成为"西北太平洋行动计划"（NOWPAP）成员国，朝鲜也作为观察员国参与其中，合作开展海洋环境保护和修护。进入 21 世纪，以提高海洋资源利用效率、海上活动安全管理、有效处理海洋污染、妥善解决海洋领土争端、推动海洋经济转型深化等为主要目标的"海洋治理力"也开始纳入海洋观念的研究范

---

① ［韩］李善浩：《超强大国的海上战略与海上势力竞争的趋势》，《国防研究》1977 年第 1 期，第 35 页。

畴。^① 目前，东北亚国家正从偏重于海上军事力量的传统海洋观向着综合海洋观转变，形成了包括海运力、海军力、海洋开发力、海洋科技力、海洋环保力、海洋治理力等在内的综合海洋观。东北亚国家海洋观念的变化趋势为东北亚海洋圈的构建奠定了可互通的观念基础。

（二）东北亚地区秩序的变迁

在区域内外因素的复合影响下，东北亚地区先后经历了朝贡秩序、殖民秩序、冷战秩序等多种国际秩序形态的变迁，目前正处在冷战后的地区秩序重构时期。具体而言，朝贡秩序下的中原王朝——中国是东北亚地区秩序的主导者；殖民主义、帝国主义时代背景下的日本取代中国成为东北亚地区秩序的中心国；在冷战两极对峙的格局下，东西方两大阵营在东北亚地区呈现出"北三角同盟"与"南三角同盟"的势力均衡，双方相互敌对；世纪之交，世界范围内的两极格局已经解体，冷战宣告结束，但囿于以美国为首的同盟体系以及朝核问题、半岛分裂等因素的制约，东北亚地区冷战影响犹在。加之，东北亚海域海洋争端错综复杂，域内海洋合作进程难以深化，多数领域呈现出低水平、浅层次的不成熟状态。

当前世界正处于"百年未有之大变局"中，随着美国影响力的下降、中国的和平崛起、日韩地区意识的增强，东北亚也面临着地区秩序重构的新课题。^② 可以预见，东北亚地区秩序重构的进程将异常艰难，

---

① 李雪威：《韩国海权观：力的谋求与逻辑转换》，《东北亚论坛》2018 年第 2 期，第 95 页。
② 张蕴岭：《处在历史转变的新起点——基于东北亚命运共同体的思考》，《世界经济与政治》2020 年第 6 期，第 7 页。

势必呈现出波浪式前进或螺旋式上升的曲折发展态势。尽管如此，在这一过程中，中国将以海洋经济的共同利益为纽带联结域内各国、以海洋观念的共同认知为基石构建高水平互信、以海洋合作的通力开展为津梁彻底打通交往栓塞，与域内国家形成相辅相成、互为倚重的相生关系，推动"海洋命运共同体""海洋圈"等目标命题由本土性不断向普遍性延展。

近年来，随着中国的快速、稳步崛起，中国在东北亚地区的影响力逐步提升，周边安全形势总体可控。在此基础上，中国提出"一带一路""人类命运共同体""海洋命运共同体"等倡议和理念，不断倡导区域合作，在实践中强化东北亚各国对区域合作的期待感与行动力，凝心聚力构建议题性（功能性）区域合作机制的时机日益成熟。海洋是东北亚国家的共生资源和环境，是承载着利益共同体和命运共同体建设的良好平台。因此，积极推动域内各国海洋发展战略良性对接，有效管控并妥善处理海洋权益争端，不断强化海洋合作的韧性，于多层面、多维度推动东北亚海洋圈的形成，也必将有助于海洋命运共同体的构建。

（三）海上贸易与非传统安全因素的推动

进入 21 世纪以来，东北亚地区国家间的经贸互动往来热络，贸易范围及额度不断扩大，在这其中通过海路形式展开的货物运输占据了绝大部分比重。根据中国经济信息社和新华（青岛）海洋经济指数研究院整合有关高校、专业调查服务机构等全球资源编制撰写的《2018 年东亚海上贸易互通指数报告》的相关内容显示，中日与中韩位列东亚地区海上贸易互通紧密程度的前两位。具体而言，中国与本区域互通程度最高的国家为日本和韩国，日本与本区域互通程度最高的国家为中国和韩国，而韩国与本区域互通程度最高的国家为中国和日本。① 这些事实充分显示了以中日韩为核心建设东亚地区海上贸易合作中心的巨大潜力。鉴于此，东北亚海洋圈可以以超强的经贸活力为支撑点，以引导各国优势资源流动为发力点，进而推动东北亚乃至整个东亚地区的贸易转型升级，为东北亚海洋经济合作奠定坚实的利益基础。

随着东北亚地区极端天气、气候变暖、核泄漏、石油泄漏、赤潮以及生物多样性等自然灾害与生态危机的频发，东北亚各国在非传统安全领域所面临的共同威胁和挑战日渐增多。近些年，东北亚国家在有关海上运输、海洋资源开发、海上执法、海洋环境保护、海洋科考等海洋事务各领域进行了深入沟通与合作，取得了诸多建设性成果。其中，2008年9月，中俄日韩四国成立了"东北亚航运株式会社"；2009年，在中国珲春、俄罗斯扎鲁比诺、韩国束草以及日本新潟四国四地之间完成了首次陆海联运航线试运，大大提高了海上航运效率；② 2019年1月17日，《威海—仁川打造东北亚物流中心谅解备忘录》签约仪式在威海举行，这标志着中韩两国将首次实现海空港联动多式联运，共同打造中韩及世界各国货物通过威海、仁川转至日本、欧美乃至全球的双向物流黄金通道；③ 东北亚各国积极合作开发域内海洋旅游资源，大连、上海、釜山、蔚山、束草、新潟、扎鲁比诺等港口纷纷被打造成为东北亚地区国际邮轮旅游中心，中、日、韩、俄之间的邮轮旅游线路不断得以拓

---

① 《图解：〈2018东亚海上贸易互通指数报告〉发布》，半岛网，2018年9月8日，http://news. bandao. cn/news_html/201809/20180908/news_20180908_2856912. shtml。

② 《中俄日韩四国陆海联运航线即将正式运营》，中国新闻网，2009年7月10日，http://www. chinanews. com/cj/cj-gncj/news/2009/07-10/1770591. shtml。

③ 《威海—仁川"四港联动"！中韩将实现海空港联动多式联运》，航运界，2019年1月18日，http://www. weihai. gov. cn/art/2019/1/18/art_32194_1499397. html。

展；在萨哈林，中日韩已与俄罗斯进行了油气开采、资源开发和基础设施建设等多个领域的合作；为妥善管控黄海、东海渔业纠纷，中日、中韩间开展海上联合执法，通过预防性举措减少渔业纠纷的发生。此外，双方还在海事联合执法、海上联合搜救等方面开展合作；海洋环境保护也是东北亚国家开展海洋治理合作的标杆项目，西北太平洋行动计划（NOWPAP）和中日韩三国环境部长会议（TEMM）每年召开一次，组织海洋垃圾研讨会暨海滩清扫活动；东亚海环境管理伙伴关系计划（PEMSEA），简称东亚海项目，是中国参与的一个重要多边海洋合作项目，日本、韩国、朝鲜也都参与其中。这一项目由全球环境基金、联合国开发计划署和国际海事组织共同发起，主要目的是通过实施海洋的可持续发展，建立相关部门间的合作伙伴关系，解决跨行政管理边界的热点海域的环境管理问题。① 截至 2019 年 6 月，中日韩已开展了四轮"中日韩北极事务高级别对话"，三国同为北极理事会"观察员国"，在参与北极事务的过程中拥有诸多相似的立场、观点和诉求，在北极航道建设、生态环境保护、科学研究、能源和矿产资源勘探开采等领域不断强化与俄罗斯之间的政策协调力度。

三、构建东北亚海洋圈的实践困境

东北亚海洋圈的构建有其现实基础及动因，但诸多制约因素仍在很大程度上限制着东北亚海洋圈的构建进程。

---

① 《东亚海环境管理伙伴关系计划》，来源：新华网，中央政府门户网站，2006 年 12 月 12 日，http://www.gov.cn/jrzg/2006-12/12/content_467933.htm。

（一）区域意识远未成熟

长期以来，东北亚始终未形成和发展出成熟的区域意识。

首先，东北亚域内各国的地区及身份认同水平较低。数十年来，朝鲜始终孤立于世界体系及区域秩序之外，在东北亚还需正确的身份定位；俄罗斯自"罗斯受洗"乃至冷战结束以来，全面融入西方世界、获得真正欧洲国家身份的努力从未停止，但其横跨欧亚的巨幅体量及"乌克兰危机"爆发后受到的全面制裁使其难以摆脱国家认同的"东西之争"；[①] 囿于地理位置及地缘位势的独特以及微小的国家体量，蒙古国难以在东北亚合作中扮演重要角色，其"永久中立国"的身份、"第三邻国外交"的开展以及在经济社会发展领域对西方国家的严重依赖，[②] 使得其"欧亚国家"的身份标签在其国内深入人心。此外，中日韩三国一度积极构建东亚共同体，但对东北亚身份尚缺乏整体认同：中国幅员辽阔，西北、西南及东南等地难以对东北亚身份有较高认同；日本始自"明治维新"的"脱亚入欧"目标、发达国家的身份以及七国集团重要成员的现实不断形塑其"西方阵营重要成员"的身份意识，[③] 更在心理认知层面赋予了其超脱、凌驾于域内各国之上的优越感；韩国认为自己是"东北亚中心"，但又认为自己在文化上更接近西方，这导致其游离于东西方之间，域内国家的这种"离心"状态成为构建东北

---

① 张昊琦：《思想之累：东西之争之于俄罗斯国家认同的意义》，《俄罗斯学刊》2016 年第 5 期，第 35 页。

② Saikhansa Khurelbaatar：《中立战略与蒙古国对外安全战略选择》，《当代亚太》2017 年第 2 期，第 64 页。

③ 刘兴华：《地区认同与东亚地区主义》，《现代国际关系》2004 年第 5 期，第 21 页。

亚海洋圈的一大障碍。

其次，东北亚地区安全局势复杂多变，导致域内国家间安全及政治互信严重缺失。尽管东北亚地区形势总体可控，但仍暗流涌动。域内的历史问题、朝鲜半岛问题、海洋争端问题、大国利益竞争问题等复杂难解，难以形成开展合作所必需的信任基础。目前，东北亚正面临"百年未有之大变局"，地区格局经历着深刻变化。美国制裁俄罗斯、将中国视为竞争对手，"美国优先"政策导致美日、美韩关系间生嫌隙，东北亚域内国家和地区间互动意愿明显提升，始于2019年末的新冠疫情进一步强化了各国间的政策协调与通力合作。但东北亚"安全痼疾"仍时常出现反复，削弱地区安全互信，阻碍区域合作进程。东北亚由此陷入欲求合作而又难以将其深化的困境中，降低了各国对区域合作的期待与信心。

最后，国际分工的深刻变化导致地区经济竞争加剧。近年来，形成于20世纪下半叶的东亚区域经济发展"雁型模式"正在逐渐瓦解，直接导致了区域经济分工形态由"垂直态"向"水平态"过渡。中国在产业升级、技术研发等方面不断求新求变，向着更高的分工层级迈进，与日韩两国争夺高附加值产业制高点的竞争愈演愈烈。一方面，中日韩的经济联系度依然紧密，中日韩自由贸易区谈判仍在进行当中；另一方面，原有经济发展结构日渐滑向松散脱钩的现象亦不容忽视，始于2019年7月的日韩经贸摩擦愈演愈烈正不断加剧这一倾向。域内国家间经济竞争加剧势必影响相互合作的动力与进程。且据历年《东亚海上贸易互通指数报告》显示，东亚各国中，中日韩对本地区的依赖度最低。区域意识淡薄是构建东北亚海洋圈的一大障碍。

（二）海洋观念存在差异

目前，从发展阶段来看，东北亚地区国家的海洋观念正从传统海洋观念向综合海洋观念过渡，但各国的认知仍不尽相同。

一方面，对海权本身的解读有共识，但也存在差异。中国学者认为欧美海权思想更多地侧重于力量、控制和霸权，而中国海权的概念内涵主要包括两个方面"海上力量"和"海洋权利"。[①] 中、日、韩、俄关于"力"的含义的表述大体一致，都是指"力量""能力""影响力"。如前文所述，海权内涵要素因实践阶段不同，涵盖具体内容不同。"海洋权利"，是指"国家主权"概念内涵的自然延伸，包括国际海洋法、《联合国海洋法公约》规定和国际法认可的主权国家享有的各项海洋权利。[②]

另一方面，各国对海权内涵要素还有着各自的理解与侧重，影响着域内国家的海洋实践。中国致力于海上和平崛起，着重发挥综合海洋观中非军事要素的作用，海军重在防御，海军发展不超出自卫范围；[③] 日本则致力于以修改《和平宪法》、完善《防卫计划大纲》等手段推动海上武装力量的扩展，仍高度重视军事等内涵要素的运用，与之相比，综合海洋观中的非军事要素暂居其后；韩国重视海军建设，但倾向于海洋军事手段与非军事手段的并重运用，综合海洋观中各要素重要性相对均

---

① 张文木：《论中国海权》，《世界政治与经济》2003 年第 10 期，第 9—10 页。史春林：《20 世纪 90 年代以来关于海权概念与内涵研究述评》，《中国海洋大学学报（社会科学版）》2007 年第 2 期，第 7—9 页。

② 孙璐：《中国海权内涵探讨》，《太平洋学报》2005 年第 10 期，第 84 页。

③ 张文木：《论中国海权》，《世界政治与经济》2003 年第 10 期，第 10 页。

衡；俄罗斯传统上即重视海军力量的运用，随着北极冰盖加速融化，俄罗斯开始谨慎地与中日韩在北极航道建设、海洋资源开发、海洋环境治理、海洋科学研究等方面的合作。

中国在维护自身"海洋权利"的同时，也主张承担应有责任，维护区域海洋良性发展态势，推动"海洋命运共同体"构建。而受到西方海权概念的影响，日韩的海权概念不涉及对海洋权利的表述，[①] 更加关注海洋权利之外海洋利益的获取。因此，日韩在承担责任方面长于推诿，且受同盟关系影响，二者无法完全站在地区整体海洋开发、利用、治理的角度上思考问题。这既不利于东北亚海洋圈的构建，也不利于日韩自身海洋利益的维护。总之，域内国家对海权的认知差异还将长期存在，导致东北亚地区在实践中呈现出"共识渐增"但"争端尤烈"的双重发展态势，影响东北亚海洋圈构建进程。

（三）合作机制严重缺失

迄今为止，东北亚地区仍缺乏一个行之有效的地区合作机制，因此，东北亚地区合作的深度、广度与水平不仅远落后于欧盟，也弱于东盟。目前，中日韩合作是东北亚地区合作的主轴。以亚洲金融危机的爆发为契机，东亚顺势开启地区合作与一体化进程，中日韩三国也在这个合作进程中逐步发展起了独立的合作进程，形成了以领导人对话为支撑的合作机制，但是由于双边关系不时出现问题，行动力均显不足。从海洋合作领域来看，东北亚尚无专司区域海洋合作的机制或机构安排。

---

① ［韩］何道炯（音）：《中国海洋战略的认识基础》，《国防研究》2012 年第 55 卷第 3 号，第 52 页。

"西北太平洋行动计划"虽覆盖中、日、韩、俄、朝五个成员国，但该组织只负责管理西北太平洋沿海及海洋环境，不涉及其他海洋合作议题。"中日韩三国环境部长会议"机制也存在涉及国家少、领域单一的问题。"中日韩三国合作秘书处"自成立以来组织开展了一系列地区海洋事务合作，但因其是职能宽泛的行政机构，对海洋领域合作的专注力和推动力仍显不足。特别是目前东北亚海洋领域存在针对海洋规则的各自解读、面对利益竞争的互不相让、应对海洋治理的责权淡化等问题，迫切需要建立一个专司海洋事务的机制或机构有效管控海洋危机，协调海上矛盾和分歧，推动地区海洋合作。此外，缺乏专门的海洋金融机构也是东北亚海洋圈构建及运行所面临的一大现实阻碍。海洋领域具有高投入、高风险的特点。域内港口和管道等基础设施建设、海洋生态环境治理修复的开展等都需要大量资金支持，设立专门的海洋金融机构是构建东北亚海洋圈必要的经济基础。

（四）"美国因素"干扰牵制

两极格局解体之后，美国在海洋领域的绝对优势地位愈发稳固，海洋利益遍布全球，海上力量投射能力他国无可企及。尽管如此，美国仍将中国视为战略竞争对手，认为中国的海上崛起会挑战美国的海上霸权，竭力干扰中国海上和平崛起进程。为此，美国积极充当东北亚域内海洋争端的搅局者，阻挠东北亚区域一体化进程，限制中国参与北极事务的范围和权利，成为牵制东北亚海洋圈构建的重要外因。

首先，在东北亚地区，海域相邻的国家间存在大量海洋争端，而美国往往是这些争端的始作俑者与搅局者。例如，二战后，美国为扶植日本签订了片面媾和的《旧金山对日和约》，托管钓鱼岛。后又通过《美日归还冲绳协定》私相授受钓鱼岛，一手制造中日钓鱼岛争端。此外，美国通过同盟关系牵制日韩两国，在日韩与周边国家的海洋争端问题上推波助澜，干扰和破坏东北亚地区合作进程。

其次，美国虽远离东亚大陆，但始终保持着对东北亚地区的影响力，干扰并阻挠东北亚区域一体化进程。长期以来，东亚、东北亚地区合作机制与地区主义的发展多呈现出开放性、松散型特征，这为美国的介入、参与提供了契机，更在"大国竞争"为主导的当下成为中美较量与角力的平台。每当东北亚经济一体化进程出现转机之际，美式"干涉主义"的操弄往往立刻横加干预，谈判大会常因美国"楔子战略"的实施沦为相关国家间推诿扯皮的场合。

最后，美国限制中国拓展新的合作空间，阻挠中国参与北极事务的范围和权利。如国务卿蓬佩奥在参加 2019 年北极理事会部长级会议时，公开将中俄塑造为"北极威胁"，宣称"北冰洋将变成充满军事化和领土争夺的新南海"；同时警告中俄"要尊重美国在北极的利益否则后果自负"，甚至声称"中国在北极没有任何权利"。除此之外，蓬佩奥拒绝提及北极地区面临的由温室效应而导致的日益严峻的生态破坏，遵循特朗普政府拒绝承担气候变化责任的执政方针。① 此举将严重干扰相关国家的北极合作，进而对东北亚海洋圈的构建产生负面影响。

---

① Victoria Herrmann, "In the Arctic, America is its own worst enemy," CNN, https://edition.cnn.com/2019/05/10/opinions/victoria-herrmann-arctic-america-is-its-own-worst-enemy/index.html.（2020 年 7 月 3 日登录）

四、东北亚海洋圈的构建路径

如前所述，目前东北亚海洋圈的构建的确面临重重阻力，难以从根本上解决。但近年来东北亚区域合作动力的增强为推动海洋合作创造了有利条件。因此，我们既要在宏观上打造东北亚海洋圈的构建基础，更要在具体实践层面探讨可供操作的构建路径。

在宏观上应从结构基础、价值基础、安全基础、战略基础打造东北亚海洋圈的构建基础。首先，在凝聚区域意识层面，推动域内国家间关系的逐步改善是破局"认同困境"的重中之重。在这一过程中，中日两国作为域内第一及第二大经济体，在构建牢固的"东北亚共识"的过程中责任重大。基于此认知，"继续改善中日关系与日本真正回归亚洲"[①] 是增强东北亚地区认同的结构基础。其次，弥合各国海洋观认知差异、强化海洋合作意识、宣传海洋共享性权利、推动"综合海洋观"的形成是构建东北亚海洋圈的必由路径。只有当海洋权利与海洋义务、海洋利益与海洋责任的并重成为域内国家的"海洋共识"，"从排他性转向竞争性与合作性的统一"，[②] 东北亚海洋圈才真正拥有了构建的"价值基础"。再次，地区海洋合作机制与机构建立健全的首要目标是有效管控域内海洋争端，维护海洋安全。时至今日，东北亚各国尤其是中日韩三国经济合作业已攀升至较高水平，然而区域一体化的行动也仅

① 梁云祥：《中日近代以来不同历史经历和发展道路对东亚地区认同的影响》，《日本学刊》2010年第1期，第57页。

② 夏立平、云新雷：《论构建中国特色新海权观》，《社会科学》2018年第1期，第15页。

限于此,其质量远未达到欧洲经济一体化的程度。东北亚海洋圈是东北亚迈向区域一体化的重要阶段性成果,也必将在良性互动中为推动宽领域、高水平、多层次海洋事务合作的实现。因此,有效管控危机、减少分歧冲突、建立深度互信是建立健全东北亚海洋圈的"安全基础"。最后,"美国因素"对东北亚海洋合作的干扰在中美陷入全面战略竞争的当下尤为突出,有效排除美国的负面影响寓于中国对美战略实施的"大棋局"中,塑造良性竞争的中美关系、推动国际体系的良性转型,是中国对 21 世纪国际政治的重要贡献,[①] 也是中国为解答新时代国际及区域问题所作出的必要努力,将成为践行区域合作、构建东北亚海洋圈的"战略基础"。

在具体实践层面,构建东北亚海洋圈需照顾各国发展的基本诉求,提升合作的意愿和积极性,努力扩大利益契合点,探求更为切实有效的构建路径。

(一) 多维度的合作模式

在东北亚地区,安全局势的动荡、政治关系的波折常常造成合作停滞不前,构建东北亚海洋圈需东北亚各国凝心聚力排除干扰,专注于发展与合作,积极打造共同利益,尊重彼此差异,弱化各方分歧,推动多元化的合作模式。

东北亚海洋圈的建设不应拘泥于单一模式,应在广泛融合双边和多边合作的基础上实现优势互补、兼容并包。多元化的合作模式包括:第

---

① 吴心伯:《论中美战略竞争》,《世界经济与政治》2020 年第 5 期,第 130 页。

一，在单边发展层面，着力打造富有自身特色的海洋产业、海洋园区，推动各国间差异化发展，形成互补合作的坚实基础；第二，东北亚各国间要保持双边海洋合作、交流互动的顺畅，形成良性发展模式，进而为扩展至三边乃至多边合作提供基础性支持；第三，中日韩作为东北亚地区核心三国，是开展海洋合作范围、深度、时间较广的国家，在进一步深化三边合作的同时要注重相互补充，避免不必要的恶性竞争；第四，在成熟完善的中日韩三边合作机制的基础上，逐步推进"中日韩+X"模式的规划与实施，域内、域外国家只要兼具意愿与能力，皆可加入。由此，在"四管齐下"的渐进或并行推动过程中，区域内外海洋合作联动发展的基础已然成形，进而在实践中逐步且坚实地推动东北亚海洋圈的深度融合与发展。

（二）多层次的政策规划

事实上，目前东北亚地区海上合作的利益已经超过对抗带来的获益，这一客观事实提示东北亚各国有必要规避零和博弈，合力管控争端，开展良性竞争，实现最大收益。

首先，东北亚国家应持续推动战略对接。目前，中、日、韩、俄等国发展战略既存在重叠又相互对接，这在客观上成为推动东北亚海洋圈构建的政策基础，在实践中也为东北亚各国参与海洋圈构建提供总体战略规划支撑。不可否认的是，各国发展战略存在相互竞争与对抗的成分，但也不乏合作空间。例如，近年来，日韩两国开始对中国"一带一路"倡议持有限支持立场，这有利于中日韩推动以双边和多边形式开展的第三方市场合作，在东北亚地区，俄罗斯便是重要合作对象国。

这种合作态势有助于东北亚海洋圈的构建。再如，2020 年 4 月 10 日，日本唯一一家国立安保智库——日本防卫研究所发布了《东亚战略概观 2020》，对"自由开放的印太战略"进行解读，强调与韩国合作具有重要战略意义，并指出该战略不排斥中国，希望中国作为重要成员加入其中。① 鉴于此，东北亚各国应继续规划好总体战略对接，积极推动东北亚海洋圈构建进程。

其次，东北亚国家需深度挖掘合作领域。在渔业、海运业、造船业等传统海洋产业领域开展产业升级合作，向着集约化、绿色化、信息化、智能化方向转型；在海洋生物医药、海洋新能源、海洋新材料、邮轮等新兴产业领域加强合作，引领海洋经济发展方向，打造东北亚多边海洋合作的强劲动力。与此同时，进一步加强东北亚国家在海洋开发、海洋生态、海洋网络、海洋安全等领域的通力合作。

最后，东北亚国家应规划争议海域合作方案。可在争议海域建立共同生态养护区、共同捕鱼区以及共同科学考察区；共建海洋科技信息中心、建立健全海洋信息交流合作机制也不失为有效举措，就即时性和长期性的海洋发展问题进行多边磋商和深入合作，共同提升构建东北亚海洋圈的动能与活力。

(三) 多领域的互补并进

目前，东北亚地区历史问题积重难返，朝核问题悬而未决，海洋冲突多点爆发，大国博弈日渐加剧，地区安全局势越发复杂。在缺乏地区

---

① 日本防卫研究所：《东亚战略概观 2020》，2020 年 4 月 10 日。

安全合作机制的当下，增进互信、凝聚共识是东北亚海洋圈的构建基础。短期内东北亚地区所面临的安全问题难以一蹴而就地解决，这就要求域内国家有效管控争端，搁置争议，共同开发，共担责任，在合作发展中降低安全因素的干扰。

在推动东北亚海洋合作的过程中，直观的经济效益是域内国家开展合作的重要驱动力。但东北亚各国，尤其是中日韩三国间在海洋经济领域既存在合作空间，也面临激烈竞争，三国在海洋贸易领域的互通紧密程度颇高，但在造船业、水产业等优势产业方面的竞争也非常激烈。因此，从经济领域入手虽然有利于提高海洋合作积极性，但单凭经济合作的驱动并不足以绑定东北亚各国，而从周期长、见效慢但却与人类生存发展息息相关的气候治理、环境保护等低冲突领域着手，持续推动东北亚各国海洋合作就显得尤为必要，开展这种多领域合作更有助于促进东北亚各国形成合作共识，共同分担责任。此外，海上减灾防灾、海上反恐、海上走私贩毒、海上人口贩运等其他非传统安全领域的合作也会对东北亚海洋圈的构建起到积极推动作用。

多领域的互补并进可以作为现阶段启动东北亚海洋圈建设的重要方向，在协同各国开展由浅入深的海洋诸领域合作的过程中将不断发挥着释缓压力、增加互信、复合互补的外溢作用。

（四）必要的制度安排

构建东北亚海洋圈离不开两大重要支柱，一是共同观念基础，即前文述及的在东北亚国家业已形成的综合海洋观；二是制度安排，与东南亚地区各领域合作制度呈现出"意大利面条碗"般的拥堵不同，东北亚地区的合作机制，尤其是多边海洋合作机制严重缺失，无法发挥出统筹规划、系统安排的利益乘数效应。因此，在东北亚地区有必要在现有的合作机制中增加海洋合作内容，更为重要的是要在相关领域新建合作机制。

目前，东北亚海洋合作亟待填补两大制度空白，一是设立具有综合管理职能的东北亚海洋合作管理机构，如东北亚海洋理事会；二是设立具有海洋合作经济基础的东北亚海洋金融机构。具体而言，一方面，建立统一的海洋合作主管机构将为东北亚海洋合作及海洋治理措施的有序、有力推进奠定制度性保障，在此机构之下，要着手建立并完善海洋权益纠纷与争端解决机制，避免因领土争端与历史遗留问题的爆发而使东北亚海洋圈构建陷于停滞，以此强化海洋合作的韧性；另一方面，东北亚地区迫切需要建立海洋金融制度，并以此作为构建东北亚海洋圈的经济制度基础。具体表现为设立海洋银行，致力于解决东北亚海洋圈的海洋开发、海洋环保以及海洋安全救助等相关事宜。亚洲基础设施投资银行和丝路基金等金融机构与项目皆为推动某一具体领域合作而兴建，并在实践中扮演了解决融资、贷款等难题的重要角色，此可成为推动东北亚海洋金融合作、建立海洋金融制度的范本加以借鉴。东北亚地区各类能源资源储量丰富，若再有效解决金融问题这一开展合作的关键锁钥，无疑将大为提高中日韩俄的区域意识和相互依赖，构建东北亚海洋圈的可行性亦不断上升。

五、结语

　　构建东北亚海洋圈，需要东北亚相关国家群策群力共筑发展动力。共同的历史积淀、共同海洋观念的形成、海上贸易的相互依赖以及非传统安全合作动力的不断走强，是东北亚各国在海洋议题中实现协力合作的重要基础。囿于解决历史遗留问题的艰难与复杂，东北亚海洋领土与权益争端已成为构建东北亚海洋圈的重要阻滞性因素。东北亚各国需要进一步破除在海洋议题领域开展零和博弈的观念，才能推动在争议海域开展合作的实现。现阶段，全球化面临转型与深入开展的趋势证明，开展海上合作的收益已经远超挑起海上对抗的获益。借助海洋领域的争议问题进行炒作、展现强力应对的姿态，可能收获一时的呼应与追随，却无法实现长远的发展利益共鸣。中国"人类命运共同体""海洋命运共同体"理念的提出，将推动中国在新时代努力促进东北亚地区新秩序的形成，并在实践中为打造东北亚海洋圈发挥独特的战略引领作用。

北极国际治理机制的构建及其经验

张 耀[*]

北极是当今世界海洋治理的一大焦点问题，北极治理经过约 30 年的发展形成了的一定特色，尽管存在诸多问题，面临许多挑战，但是有些经验对于其他海域海洋的治理也具有借鉴意义。

一、北极国际治理机制的发展和特点

随着北极自然环境的演变和人类技术的发展，北极的发展潜力已经逐渐被人类所认识，北极的国际合作与国际治理也就应运而生，时至今天，北极已经初步形成了独具特色的北极国际治理机制。

（一）北极国际治理机制的形成与发展

国内外学者普遍认为真正的北极地区的国际治理，尤其是相关的国

* 张耀，上海国际问题研究院海洋和极地研究中心主任，山东大学东北亚学院海洋战略研究中心特约研究员。

际治理机制体系是在冷战之后逐渐形成的，而促成这种治理形成的主要原因包括 20 世纪后期全球变暖的气候趋势带来的北极环境的巨大变化、冷战结束带来的北极地区地缘政治变化和随着自然和技术条件的变迁与发展带来的北极地区经济发展机会的出现。国际著名的全球治理学者盖尔·奥什连科和奥兰·扬早在 1989 年就曾指出北极资源利益的凸显造成了各国在北极的竞争态势，只有通过密切合作，才能改变这种状况[①]。2010 年，奥兰·扬进一步阐述到，北极治理的根本动因在于北极正在经历的社会—生态（social-ecological）演变，即北极气候变化带来的北极冰层融化等环境变化和资源开发、航道的利用融入经济全球化当中带来的社会变化，这些变革促进了北极与世界的联系，也产生了北极治理的需求。[②] 2008 年，芬兰著名学者拉西·海宁恩则认为，一方面，北极出现的众多利益引起了国际社会的兴趣；另一方面，北极合作逐渐取代北极对抗，这些变化给国际社会带来机遇又带来了挑战，而这正是推动北极治理的原因。[③]

随着北极环境的变化，北极地区出现了经济发展的巨大潜力，尤其是其中的资源开发、航道利用、渔业和旅游等领域。根据美国地质调查局 2008 年发布的《北极油气资源评估报告》，北极地区约储有 900 亿桶石油、1669 兆立方天然气、400 亿桶液化天然气。[④] 随着北极地区的冰

[①] Gail Osherenko, Oran R. Young, *The Age of the Arctic: Hot Conflicts and Cold Realities* (Cambridge: Cambridge University Press, 2005), pp. 35-37.

[②] Oran R. Young, "Arctic Governance-Pathways to the Future," *Arctic Review on Law and Politics*, No. 12, 2010, pp. 167-169.

[③] Lassi Heininen, *Geopolitics of a Changing North*, Position Paper for the 5th NRF Open Assembly, September 24th-27th, 2008, pp. 31-36.

[④] U. S. Geological Survey, *Circum-Arctic Resource Appraisal: Estimates of Undiscovered Oil and Gas North of the Arctic Circle*, Fact Sheet 2008-3049, USGS, https://pubs.usgs.gov/fs/2008/3049/.

融，对这些能源的开发和利用吸引了越来越多的注意力。北极航道是连接亚洲、欧洲与北美的新的便捷海上通道，在北极海冰融化率日益上升的背景下，北极航道的可利用期限越来越长，其长远开发前景令人向往。与此同时，鉴于北极地区的特殊自然环境，资源开发、航道利用、旅游推广和渔业管理都需要国际治理机制的广泛参与。

冷战时期，北极地区是美苏两个超级大国军事对峙的重要场所。20世纪80年代后，伴随着冷战的结束，北极逐渐从"冷战前沿"变成了"合作之地"。1987年10月1日，时任苏联领导人戈尔巴乔夫在摩尔曼斯克发表关于苏联北极政策的演讲，呼吁东西方开展多边或双边合作，把北极变成和平之极。[①] 而苏联的解体，更为北极地区的合作打开了"机会之窗"。

冷战结束后，针对北极地区合作在多个层面上迅速展开，所涉及的领域涵盖科学、环保、航运等。1990年，北极八国（加拿大、丹麦、芬兰、冰岛、挪威、瑞典、美国、苏联）组成北极科学委员会。1991年，北极八国签署《北极环境保护战略》（AEPS），承诺为保护北极地区的环境而进行合作。1996年，北极八国在加拿大渥太华签署《渥太华宣言》（The Ottawa Declaration），决定成立北极理事会，《北极环境保护战略》的所有工作也纳入到北极理事会的工作中来。北极理事会的成立提升了北极地区国际治理的制度化程度，促进了北极地区国家之间的合作与科技交流与可持续发展，标志着北极地区的国际治理机制的初步形成。

北极八国通过北极理事会这一平台加强沟通和协调，谋求对北极事

---

① 郭培清、田栋：《摩尔曼斯克讲话与北极合作：北极进入合作时代》，《海洋世界》2008年第5期，第67页。

务的共同立场和政策。北极理事会于 2013 年正式在挪威特罗姆瑟设立常设秘书处,并分别于 2011 年和 2013 年制定了《北极海空搜救合作协定》《北极海洋油污预防和反应合作协定》,强化了北极八国在理事会架构内的合作。为拓展北极商业开发利用前景,推动北极经济增长,加强政界与企业界的联系与互动,北极理事会于 2014 年 9 月在加拿大的伊奎特正式成立了北极经济理事会(AEC)。2017 年 5 月,北极理事会第 10 届部长会议上签署了《加强北极国际科学合作协定》。

2014 年 11 月 21 日,国际海事组织(IMO)通过了具有强制性的《极地水域船舶航行国际准则》,即极地航运规则。这标志着国际社会在保护船舶以及船员在极地水域航行安全方面进入了一个历史性的新阶段。2015 年 10 月,北极八国签署协议,成立了北极海岸警卫队论坛,负责北极地区的搜救合作与应急情况。2018 年 10 月 3 日,北冰洋中部公海邻近沿岸的美国、俄罗斯、加拿大、挪威和冰岛五国以及包括中国在内的五个域外利益攸关方经过长期谈判,终于签署了《防止中北冰洋不管制公海渔业协定》。该协定填补了北极渔业治理的空白,初步建立了北冰洋公海的渔业管理秩序和管理模式,有助于实现保护北冰洋脆弱海洋生态环境等目标。

总之,以北极理事会为首要平台,以国际海事组织制定的极地航行规则等议题性或功能性机制架构为骨干的北极"伞状"治理体系目前已逐步成型。

(二)北极理事会的发展及其在北极治理中的角色地位

在现有的北极国际治理机制中,由 8 个北极国家作为正式成员、由

20 余个国家和国际组织以及原住民群体作为观察员的北极理事会显然拥有着非常重要的地位。

北极理事会的形成是北极地区国际合作发展的成果。1989 年 9 月 20—26 日，根据芬兰政府的提议，北极八国召开了第一届"北极环境保护协商会议"，共同探讨通过国际合作来保护北极环境。1991 年 6 月 14 日，八国在芬兰罗瓦涅米签署了《北极环境保护战略》，其工作计划通过四个工作组实施，即北极监测与评估（AMAP）、北极海洋环境保护（PAME）、北极动植物保护（CAFF）和突发事件预防反应（EPPR），每个工作组又执行一些具体项目。

1996 年 9 月 16 日，北极八国在加拿大首都渥太华举行会议，正式宣布成立北极理事会。北极理事会的主要使命旨在促进北极国家间（其中包括原住民和其他居民）合作、协调以及相互支持等方面，尤其是在可持续发展和环境保护方面，提供了更为广泛的空间。部长级会议是理事会决策机构，每两年召开一次。高官会是理事会执行机构，每年召开两次会议。理事会八个成员国轮流担任主席国，任期两年。北极理事会成立后，原先《北极环境保护战略》的工作小组被继承接收，在成立当年又新设可持续发展（SDWG）工作组，宣布其宗旨是在更广泛意义上应对所有一般的北极事务。2006 年北极理事会又赋予了已经在执行的消除北极污染行动计划以工作小组的地位（ACAP），从而形成了当前六个工作小组的工作机制。2011 年 5 月 12 日的第七届部长会议上，北极八国决定在挪威特罗姆瑟设立理事会常设秘书处。北极理事会常设秘书处的设立标志着北极理事会出现了开始由一个国家间的论坛转向成为实质性的国际组织组织的趋势。

在组织结构上，北极理事会有着明显的不同层次的分别。北极理事会除了环北极八国是正式成员国外，还存在其他成员，主要是永久参与方和观察员，不同的成员有着不同的地位和权利。除了环北极八国是正式成员，其他非北极国家或非国家行为体不可能成为正式成员。理事会所有决定都需要八个正式成员的一致同意。一些原住民组织被授予了永久参与方的地位，条件是：第一，组织的主体必须是北极地区的原住民；第二，应该是居住在一个北极国家以上的原住民；第三，或者是一个国家内有两个或两个以上的原住民团体。永久参与方可以参与理事会的所有活动和讨论，理事会的决议也应事先咨询他们的意见，但他们没有正式投票表决权。观察员可以是非北极国家，也可以是全球或区域的政府间国际组织、议会间组织以及非政府组织。观察员可以出席会议和参与讨论，但没有表决权，并且理事会的决议也不需一定要事先咨询他们的意见。2013 年，中国成为北极理事会的观察员。

北极理事会的组织结构反映了北极国家的战略考虑：首先，在理事会内形成一种不同性质的层级，任何方面若想参与其中，就必须承认这种结构，因而也就承认了自己在其中的地位层次和作用范围。其次，理事会兼顾了排他性和开放性。排他性体现在只有北极八国才具有正式成员的资格，这实际上体现了八个北极国家希望主导乃至垄断北极事务的意图。开放性体现在向区域外国家和非国家行为体开放有限的参与权，获得观察员地位的国家和非国家组织可以参与北极理事会的讨论和活动。但观察员的参与在一定程度上等于默认了北极理事会在北极事务上的主导地位。最后，原住民组织获得永久参与方的地位，体现了北极理事会已开始考虑对北极资源的开发利用的问题，同时也体现了北极理事会希望突出北极的地方意识，以尊重土著居民的权利为名抵制北极问题国际化的考虑。

在 2011 年的第七届北极理事会的宣言中，北极八国对谋求成为观察员地位的国家和组织提出所谓"努克标准"，即：（1）接受并支持《渥太华宣言》中指明的北极理事会宗旨；（2）承认北极国家在北极地区享有的主权和管辖权；（3）承认包括《联合国海洋法公约》在内的广泛法律框架适用于北冰洋；（4）尊重北极地区原住民和其他当地居民的价值、利益、文化与传统；（5）证明有政治意愿和经济能力，能为永久参与方及其他北极原住民群体提供帮助；（6）证明有实际意愿和能力支持北极理事会的各项工作，包括通过与成员国和永久参与方的合作将北极问题提交全球决策机构。① 理事会还强调观察员无权参与北极理事会的任何决议，此项权利专属于成员国和永久参与方。观察员可经邀请列席理事会各项会议，其首要职责是观察理事会工作，通过参与理事会特别是工作组的项目并为其提供协助。观察员可通过任一成员国或永久参与方提出项目建议，经邀请参与理事会附属机构会议，如经主席许可，可继成员国与永久参与方后就会议议题发表口头或书面声明，提交相关文件及陈述意见。但在部长级会议上观察员只能提交书面声明。"努克标准"因为其坚持北极国家主导北极事务、严格约束和限制观察员的参与北极事务的权利和义务，被一些学者认为是"北极的门罗主义"。②

在北极理事会的发展历程中，起初理事会只是一个国家间的论坛。随着北极合作的进展，北极理事会开始通过一系列具有政策指导性、但不具有约束力的文件报告，也即所谓"软法"。在 2011 年和 2013 年，

① 《【边疆时空】夏立平 谢茜 | 北极区域合作机制与"冰上丝绸之路"》，搜狐网，2019年 1 月 23 日，https://www.sohu.com/a/290920028_523177。
② 郭培清：《应对北极门罗主义的挑战》，《瞭望》2011 年第 42 期。

北极理事会先后颁布了具有法律约束力的文件《北极海空搜救合作协定》和《北极海洋油污预防与反应合作协定》，这两份法律文件的出台，标志着北极理事会不仅依靠其强大的研究和评估能力影响着北极地区的政治环境，同时也表明北极理事会已经从一个纯国家政府间论坛逐渐发展成为一个具备科学研究、政策指引和法规建构能力的类国际组织机制，其提出和制定的一系列标准、政策、条例和法规对于北极国际治理的现实实践和未来发展都有着重要意义。

与此同时，由于国际形势的迅速变化，北极理事会目前也面临着不少挑战。首先，北极理事会八个正式成员国内部仍然存在较突出的主权争议，几乎所有八个国家互相间在北冰洋的经济专属区和外大陆架问题上都存在着争议，尤其是近年来俄罗斯与西方国家关系的恶化导致北极地区的地缘政治局势在冷战结束后再次面临紧张对峙局面，从而使得北极理事会的内部统一和协调出现障碍。其次，由于北极理事会在对待域外国家参与北极治理事务的保守态度甚至是歧视与戒心，导致域外国家与北极国家之间的矛盾分歧此伏彼起，相当程度上影响了北极国际合作进程的有效性。国内著名的北极问题专家杨剑指出，北极理事会内的北极国家将重点放在解决北极治理中的关于问题产生和发展的信息以及解决这些问题的知识和技术这一类矛盾上，即资源开发与环境和生态保护之间的矛盾，但在解决确立更具强制性的国际规范和具备足够政治动员能力和整合能力以协调并动员所有相关的资源掌控者认同治理的价值并愿意动用资源提供相应的公共产品这两类矛盾方面，北极理事会出于北极国家的私利而无法解决，或出于能力所限而难以克服。如何理性对待北极域内国家利益和人类共同利益之间的矛盾，如何纳入新的因素，形成有效的治理机制来应对日益增加的人类北极活动的趋势，将是北极治理组织和北极国家不能回避的问题。①

（三）北极国际治理机制的特点与局限

经过 20 多年的建章立制，北极地区现在已经形成了颇具体系的国际治理机制。现有的北极国际治理机制主要具有如下特点。

北极地区没有适用于北极各种活动的统一国际条约。北极治理发展至今，没有出现一个类似于《南极条约》的"宪法性"公约。由于北极地区和南极地区不同，北极存在主权国家，南极是无人之地，因此，冻结各国主权要求的"南极模式"在北极地区基本上是行不通的。② 北极地区的不同领域不同问题受到不同的国际条约或规则规范，其中包括《联合国宪章》等国际条约在内的一般国际法，《联合国海洋法公约》，国际环保领域的《联合国气候变化框架公约》《生物多样性公约》，国际海事领域的《国际海上人命安全公约》《极地水域船舶强制性规则》等均适用于北极地区。北极八国签订的《北极海空搜救合作协定》和《北极海洋油污预防与反应合作协定》等区域条约对北极八国适用。此外，1920 年《斯匹次卑尔根群岛条约》在斯瓦尔巴德群岛建立了独特的法律制度，在承认挪威对该地区充分完全的主权的基础上明确了各缔约国国民自由进入、平等经营的权利。

北极国家，尤其是北极五国出于种种原因，都把《联合国海洋法公约》作为北极治理以及本国主权声索的重要国际法基础。如北极五国共同签署的《伊路利萨特宣言》指出："《公约》赋予了北冰洋沿岸

---

① 杨剑：《域外因素的嵌入与北极治理机制》，《社会科学》2014 年第 1 期。
② 郭培清：《北极很难走通"南极道路"》，《瞭望》2008 第 15 期。

各国重要的权利和义务，涉及大陆架边界划分、海洋（包括冰封海域）环境保护、航海自由、海洋科学研究及其他相关事务。"该宣言承认以《公约》为主体的法律框架"为五国和其他使用北冰洋的国家提供了有效管理的坚实基础"。它们表示将恪守这些法律框架，有序解决任何由领土或海域权力交叠所产生的纠纷。[1] 俄外长拉夫罗夫曾经表示北极五国一致同意将根据《联合国海洋法公约》的有关规定解决大陆架延伸问题。[2] 即使是尚未批准《联合国海洋法公约》的美国政府也认为，只有该公约才是解决北极问题的重要法律依据。[3] 加拿大在2010年发表的北极外交政策声明中也表示，"在北极边界争端中取得进展是日前外交政策中最优先的事项。加拿大愿意在坚持《联合国海洋法公约》的基础上解决与有关国家的边界纷争"。[4] 同样，挪威、瑞典等国都视《联合国海洋法公约》为可以管理北极海洋事务的完美工具。[5]

在北极国际治理机制的发展过程中，虽然北极国家内部以及北极国家和域外国家在北极治理问题上有着各种不同的矛盾和利益分歧，但由于北极特殊的自然和人文发展状况，任何一国都不可能单独解决自己面临的问题、保障自己的充分利益，因此，总体上合作逐渐成为北极治理的主要方向和趋势。一方面，北极国家内部的合作仍在北极治理合作中

---

① Arctic Council, *The Ilulissat Declaration*, Greenland: Arctic Ocean Conference, May 27–29, 2008.

② 《北冰洋沿岸5国同意根据联合国公约解决大陆架延伸问题》，来源：人民日报，中国经济网，2008年6月4日，http://intl. ce. cn/zj/200806/04/t20080604_15722048. shtml。

③ "Remarks at The Joint Session of the Antarctic Treaty Consultative Meeting and the Arctic Council," 50th Anniversary of the Antarctic Treaty, http://www. state. gov/secretary/rm/2009a/04/121314.htm.

④ Government of Canada, *Statement on Canada's Arctic Foreign Policy: Exercising Sovereignty and Promoting Canada's Northern Strategy Abroad*, 2010, http://www. international. gc. ca/polar-polaire/assets/pdfs/CAFP_booklet-PECA_livret-eng. pdf.

⑤ Jesper Hanson, "An Arctic Meeting Point." The Arctic Council, January 22, 2009, http://arctic-council. org/article/2009/1/an_arctic_meeting_point.

居于主导地位，在北极治理中发挥核心作用；另一方面，北极国家与域外国家开展合作的需求也在逐渐增强。相对而言，在北极国家中，北欧五国在北极合作问题上更倾向奉行多边主义，与域外国家合作较为开放主动。

北极国际治理机制的"低政治性"。北极治理机制初建时期，在传统冷战思维的框架下，苏联与北极其他国家之间的"互信度"较低，因此在更高层面的军事、安全等领域的合作与"信心构建"难以实现。所以，北极地区的国际治理机制大都限于科学、环保、原住民保护等所谓的"低政治"领域。"低政治"领域的国际合作与交流比较容易实现，即使在美苏冷战对峙的"尖峰时刻"，也不乏东西方之间围绕环保与科技合作等方面的外交活动。而在目前，俄罗斯与西方国家之间的战略对峙和彼此间的战略猜疑再次上升，这种"低政治"领域的合作在促进双方科学技术的交流以及为实现共同的环境保护和可持续发展目标等方面依然具有明显的作用，在西方制裁俄罗斯的大背景下，双方在北极地区的合作并没有完全停止。

北极国际治理机制的"软法性"。北极治理的大部分制度建构是基于成员国之间的宣言或无约束力的国际条约之上，因此具有明显的"软法"特征。《北极环境保护战略》是目前在北极环境治理中最具代表性、影响力最大的软法规范。"软法"的形式在全球治理中非常普遍，国家之间"软法"性质的协议比有约束力的"硬法"更容易实现，在汇聚各成员预期以及在成员之间形成共识方面具有独到的优势。但是，"软法"性质的协议在执行方面通常由于其没有约束力，而仅仅有赖于成员的道德力量进行自我约束，通常难以实现更深层次的合作。

北极理事会在地区治理上还存在"先天不足"。1996年设立的北极理事会在一定意义上实现了包括美、俄在内的环北极八国在该地区进行实质性合作，但它也存在明显的"先天性"缺陷：（1）没有法律约束性的义务和规定。建立北极理事会的《渥太华宣言》未对参加方施加具有法律约束力的义务，北极理事会也未获得这方面的授权。（2）北极理事会还不是一个严格意义的国际组织。它是项目驱动的，也无权对其参加方施加具有法律约束力的义务。（3）参加方的有限性。北极理事会的独特性在于其对该地区原住民的关注，但是，原住民组织只是永久参与方，没有正式投票权，而非北极国家只能获得观察员资格。因此，北极理事会这种缺少条约约束力的体制是否能够成功协调多方主体在北极事务上复杂多变的利益关系，是否会在该区域面临重大问题时丧失功能，是理事会未来需认真面对的问题。

二、南海治理如何借鉴北极治理的经验

当今世界的主要区域和次区域，大都有着较为成熟或正在完善的治理机制，但是南海地区的类似机制却只能说还处在萌芽状态。

（一）南海地区的合作与治理机制的特点

第一，双边、多边或者领域性的合作和治理机制有一定的发展基础，而且主要是在双边或小多边状态。例如，在南海的海洋生物资源管理领域，南海地区还没有一个专门的区域渔业管理组织来协调处理渔业资源问题，而目前世界上已经建立了 14 个区域渔业管理组织，其中与

南海区域相关的渔业管理组织有两个：一个是亚洲—太平洋渔业委员会（APFIC），另一个是中西太平洋渔业委员会（WCPFC）。在海洋环境保护领域，联合国环境署区域海洋项目（UNEP RSP）共包含 18 个海洋区域项目，其中东亚海洋项目包含了西太平洋区域，南海属于该项目下的次区域。另一个有关东亚区域海洋环境的项目是东亚海环境管理伙伴关系计划（PEMSEA），1994 年由全球环境基金（GEF）建立，联合国开发计划署（UNDP）负责实施，国际海事组织（IMO）负责执行。

第二，多年来，南海地区的国家对推动南海合作，尤其是建立合作机制安排，也曾进行过积极的尝试。早在 1990 年，印度尼西亚即发起"处理南海潜在冲突研讨会"（Workshop on Managing Potential Conflicts in the South China Sea）。该机制为非官方地区对话平台，其主要成员为南海周边国家和地区（早期也包括加拿大、美国、澳大利亚、新西兰等国），宗旨是在南海问题上寻求协商对话和促进南海地区信任措施建设。[①]进入 21 世纪以来，该机制影响开始逐渐减弱。2011 年中国与东盟国家通过"落实《南海各方行为宣言》（DOC）指导方针"。在落实《南海各方行为宣言》联合工作组机制下，中方积极推动成立"航行安全与搜救""海洋科研与环保技术委员会"和"打击海上跨国犯罪"三个技术合作委员会，与东盟国家在海洋科研、环境保护、防灾减灾、能力建设等低敏感领域推动务实合作等。

第三，中国在双边和多边层面积极推动与东盟国家在南海务实合作。中国与马来西亚 2009 年签订了海洋科学与技术合作协定，内容涵盖了海洋政策、海洋管理、海洋生态环境保护、海洋科学研究与调查、

---

① 张良福：《历次"处理南中国海潜在冲突非正式讨论会"述评》，《国际政治研究》1995年第 1 期，第 81—82 页。

海洋防灾减灾、海洋资料交换等众多领域。2012 年，中国与印度尼西亚两国签署了《海上合作谅解备忘录》，并成立中印度尼西亚海上合作基金，中国出资 10 亿元人民币作为启动资金，支持双方开展海上务实合作。同年，中国和印度尼西亚联合建立了"比通联合海洋生态站"，两国科学家开展联合调查研究。2013 年，中国与越南成立海上共同开发磋商工作组，加大中越北部湾湾口外海域工作组和海上低敏感领域合作专家工作组工作力度。同年 10 月，李克强总理访问文莱期间，双方签署了《中华人民共和国政府与文莱达鲁萨兰国政府关于海上合作的谅解备忘录》《中国海油和文莱国油关于成立油田服务领域合资公司的协议》等双边合作文件。① 中国与菲律宾海上合作停滞多年后开始重启。2018 年 2 月 13 日，中菲南海问题双边磋商机制第二次会议在马尼拉举行，双方同意继续商谈建立信任措施，在该机制框架下启动渔业、油气、海洋科研与环保、政治安全等技术工作组达成一致意见，确认了一系列潜在合作倡议。②

在多边层面，中国积极倡导并推进南海地区合作。2005 年中国、菲律宾和越南的三家石油公司签署《南海联合海洋地震工作协议》，该协议后因菲律宾反对团体阻挠，至今悬而未决。2011 年，中国设立中国—东盟海上合作基金，投入超过 30 亿元人民币，用于南海科学考察、环境保护、航行安全和搜救、跨国犯罪等。2014 年，中国和东盟签署《灾害管理合作谅解备忘录》，并推动东盟地区论坛通过了《加强海空搜救与合作协调声明》。2016 年 4 月，在中国与东盟国家落实《南海各

---

① 《李克强与文莱苏丹哈桑纳尔举行会谈：强调进一步提升中国文莱战略合作水平》，经济日报网，2013 年 10 月 12 日，http://paper.ce.cn/jjrb/html/2013-10/12/content_173435.htm。

② 《中国—菲律宾南海问题双边磋商机制第二次会议》，环球网，2018 年 2 月 14 日，http://world.huanqiu.com/article/2018-02/11608785.html。

方行为宣言》第 11 次高官会上，中方提出尽早建立航行安全与搜救、海洋科研与环保、打击海上跨国犯罪三个技术合作委员会。2016 年 8 月，中国与东盟国家落实《南海各方行为宣言》第 13 次高官会审议通过了"中国与东盟国家应对海上紧急事态外交高官热线平台指导方针"和"中国与东盟国家关于在南海适用《海上意外相遇规则》的联合声明"两份成果文件。① 2017 年 10 月底，成功举行了中国—东盟国家首次大规模海上联合搜救实船演练。2017 年 11 月，东盟各国与中国通过了《未来十年南海海岸和海洋环保宣言（2017—2027）》。该宣言强调，有关各方将在不损害各方立场的基础上研究或进行相关合作活动。② 在机制建设上，中国与东盟在亚太经合组织、东亚合作领导人系列会议、中国—东盟合作框架等机制下建立了蓝色经济论坛、海洋环保研讨会、海事磋商、海洋合作论坛、中国—东盟海洋合作中心、东亚海洋合作平台等合作机制。

南海地区最为迫切和重要的还是安全合作机制。目前，南海地区政治与安全合作大体可分为三类。

一是东盟主导的系列多边和双边政治和安全对话机制。1967 年，印度尼西亚、新加坡、泰国、菲律宾、马来西亚五国宣告成立"东南亚国家联盟"。此后，东盟国家开始通过一系列宣言和条约对地区安全事务的决策机制、秉持原则等问题作出安排，从而逐步构建形成由东盟自身主导的地区政治与安全合作架构。经过半个世纪的发展，目前东盟

---

① 《落实〈南海各方行为宣言〉第 13 次高官会举行：通过成果文件》，来源：澎湃新闻网、人民日报海外网，2016 年 8 月 16 日，http://m.haiwainet.cn/middle/345677/2016/0816/content_30214644_1.html。

② 《外媒称中国紧握南海议题主导权：营造合作氛围解决主权争端》，来源：参考消息，中国政府网，2017 年 11 月 15 日，http://www.gov.cn/xinwen/2017-11/15/content_5239879.htm。

主导的地区性政治和安全合作主要包括首脑会议、外长和防长级会议两大类。

1992年7月召开的第25届东盟外长会议上通过了《东盟南海宣言》，呼吁有关国家"以和平方式，而不是诉诸武力"去解决争端，并就南海的航行与交通安全、海洋环境保护、打击海盗与毒品走私等问题的合作，提出意向性的建议。

东盟还通过《东南亚友好合作条约》尝试建立地区"合作安全"的架构。《东南亚友好合作条约》规定首先主动通过和平谈判方式解决争端，该条约为约束东盟成员国彼此行为、避免相互冲突和对抗、协商处理地区政治安全事务提供了法律保障。1998年起，东盟国家开始允许非东盟国家加入《东南亚友好合作条约》，目前，《东南亚友好合作条约》已经吸引了中国、日本、美国、俄罗斯等十多个非东盟成员加入。

冷战结束后，东盟还开始寻求建立由其主导的亚太地区安全架构，主导构建起了东盟地区论坛、"东盟+X"等地区多边合作机制。为防止美国等任一大国控制东南亚地区安全秩序，东盟采取"大国平衡"策略，将首脑会议、外长会议和防长会议作了延伸和扩展，逐步形成"10+X"框架。1997年，东盟正式与中国和中日韩建立起"10+1"和"10+3"合作机制。此后，东盟又将美国、俄罗斯、印度、新西兰、澳大利亚、加拿大、欧盟等纳入到"10+X"的对话机制之中。目前，该机制已经成为东盟推进地区政治与安全合作的主要平台。同时，东盟从1990年开始探讨和推动建立能够吸纳亚太其他大国的地区安全合作论坛，并在1994年在泰国曼谷召开首次"东盟地区论坛"（ARF）。该论坛目前已经成为亚太地区最主要的官方多边安全对话与合作渠道。

美国主导的双边安全合作机制是南海地区安全架构的另一重要环节。冷战结束后，美国通过与泰国、菲律宾、新加坡等东南亚国家以及与日本、韩国、澳大利亚等亚太地区国家签署的一系列双边军事合作协议，维持其在东亚的主导地位，保持对南海地区政治和安全事务的影响。其中，美菲、美泰传统盟国和美新战略合作伙伴关系是美国主导的南海地区合作机制的核心，美国与越南、马来西亚、印度尼西亚等东盟国家的军事安全合作是该机制的重要组成部分。

该地区各国相互间的各种针对地区特定议题设立的各种双边对话机制。比如，中国与越、菲、马、文等当事国建立了旨在促进争端解决的双边对话机制。1993 年中越签署了《关于解决中华人民共和国和越南社会主义共和国边界领土问题的基本原则协议》，并于 1995 年起成立海上问题专家小组，就南沙争议问题举行谈判；2011 年，中国又与越方签署《关于指导解决中越海上问题基本原则协议》，双方一致同意每年举行两次政府边界谈判代表团团长定期会晤，轮流主办，必要时可举行特别会晤。2017 年 5 月，中国与菲律宾召开了南海问题双边磋商机制第一次会议，重启谈判协商中菲南海有关争议的进程。

《南海各方行为宣言》是南海地区国家为建立南海安全合作机制做出的重大努力。2002 年 11 月 4 日，在柬埔寨金边召开的第八届东盟首脑会议上，东盟与中国领导签署了《南海各方行为宣言》，行为宣言由 10 点内容组成。宣言不是一个法律文件，不具法律约束力，但《南海各方行为宣言》的签署对在南海减少战争威胁或军事冲突，在该地区建立一个合作、和平与稳定的环境，在东盟与中国之间促进建立信任和相互理解具有重大意义。

也应该看到，南海地区合作与治理机制的发展存在局限性，在某些层面是有着明显缺失的。

第一，南海地区现有合作治理机制过于松散难以有效应对地区形势的演变。南海地区目前现有的一些机制或者类似机制的机构、协议、论坛等无论从其治理针对对象、自身主体结构，还是组织形式都非常松散且互相没有协调机制。涉及海洋环境、气候、资源、科技等方面的机制多数并非本地区国家自行经过协商建立的有效机构，而是全球层面的机制中与南海地区相关的分支。涉及地区安全的机制则形式散乱，关注主题不一，主导力量不同乃至彼此是对立关系。东盟主导的一系列双边和多边地区安全合作机制，如东盟地区论坛、东盟防长扩大会议等，涉及朝核问题、南海问题等问题，缺乏专一性和专业性。也因为如此，南海地区现有的各种合作与治理机制或类机制组织对地区形势的引导和管控能力日益下降，机制本身的"边际效用"亦呈递减态势。

第二，在当前南海地区地缘政治形势紧张局面加剧的背景下，现有的多种安全机制非但不能形成合力缓和和解决矛盾纠纷，反而由于不同机制的主导力量本身核心力量不一，互相竞争甚至敌对，彼此之间很容易造成相互竞争、彼此掣肘的局面。比如，本地区东盟主导的各种安全论坛本来就因为东盟自身能力有限，说服和约束能力都无法产生有效作用，与此同时，美国主导的各种双边和多边安全机制又在强势卷入南海事务，使得南海国家/地区本身在很多问题上出现分裂趋势，更无从谈起集体安全措施。美国利用其亚太军事盟国及伙伴国体系不断在南海进行军事冒险，使得中国也不得不在南海地区加强自身的防卫设施，改善自己的安全态势，从而又使得南海各方的战略互信难以得到保障，战略猜疑则不断扩散。美国、日本等域外国家的强势卷入南海事务，事实上也削弱了东盟主导的地区合作机制的作用。

第三，南海地区现有安全合作机制或类机制组织已日益难以适应南海地区安全格局的发展。随着中国在南海地区维护自身国家主权和海洋权益的能力的大幅提升，中国与菲律宾、马来西亚、越南、印度尼西亚等东盟国家的双边关系稳步发展，尤其是政治安全领域合作日渐扩大，中国对南海地区秩序的塑造力和掌控力正在逐步提升。但在现有的地区安全合作机制中，不论是东盟主导的系列多边框架，还是美国主导的双边合作机制，都对中国抱有很深的战略猜疑。而同时，中国的政治和安全利益诉求及能力并未得到体现。因此，面对地区力量格局的调整，南海地区现有的安全合作机制已难以适应中国重要性的提升这一事实。

南海地区的合作和治理机制之所以难以发挥有效作用，甚至在很多领域处于非常缺失的状况，存在诸多原因。

第一，南海主权争端日益加剧，呈现出复杂化、国际化的发展趋势，随着有关周边国家加紧开发南沙海域资源以及东盟国家内部协调的加强，以及美国、日本、印度等区域外国家对南海争端的介入，围绕南海岛屿的主权争端和南海海域划界争端日益加剧。这一现实情况对南海的区域合作带来了困难和阻碍。

第二，政治、经济、文化多方面的差异导致南海各方对区域合作持有不同意见和态度。南海周边国家/地区在政治制度、经济水平和宗教文化等方面都极具差异，彼此的核心利益，外交政策重点，对外政治、经济、贸易和安全关系的重心也都不完全一样，难以对区域合作治理拥有基本一致的立场和态度。

第三，南海地区缺乏区域合作的内部主导力量，区域合作推动力不足。由于南海各国对海洋事务合作抱有不同的立场和态度，能够在资金等各方面都起到推动作用的内部主导力量尚未出现。与南海相关的大国——中美双方的优势领域和利益关切有重大差别，美国军事力量居重大优势地位，其战略重点在于维系其亚太霸权和盟友伙伴体系，牵制乃至遏制中国的崛起和主导南海局势。而中国的主要优势在于和南海各国的经济贸易联系，主要利益关切是南海的和平稳定以及与南海国家/地区在"一带一路"框架下的多方位合作。南海周边的国家则从自身利益出发，多采取经济上与中国加强联系和合作，安全上依赖美国平衡南海的力量对比的政策，而这种政策往往引发中美双方的疑惑，这也是制约南海区域合作与治理机制发展进程的重要原因。

第四，南海区域合作的法律机制欠缺，区域合作缺乏约束力和系统性。区域治理和全球治理都依赖于参与治理各方对相关国际法和各种规范制度的认同和遵守，但是到目前为止，南海区域合作的法律机制基本没有得到良好的发展，表现为区域公约的缺位和法律实施机制的欠缺。南海至今尚无囊括所有南海周边或大多数国家、具有法律拘束力的政府间海洋事务合作的区域协定。

（二）北极国际治理机制的启示与借鉴

目前南海问题波诡云谲，域内国家/地区互相间存在各种复杂争议和利益冲突，以美国为代表的域外国家对南海形势的干预正在不断增强，对南海局势造成了极大的消极影响，因此，建立能够促成南海国家/地区的共识与合作、约束和限制域外国家对南海事务的肆意干涉，尤其是军事干预的治理机制可谓是当务之急。

冷战以后，北极国际治理机制经历了近30年的历程，其中有诸多各种经验教训可以提供给我们在建构未来南海合作治理机制的过程中作为启示和借鉴。

《联合国海洋法公约》应该成为南海国家/地区未来合作治理机制的法理核心。

从国际法角度而言,《联合国海洋法公约》是当今全世界认同度最高的国际海洋法法规。《联合国海洋法公约》的内容众多,涉及了大多数海洋治理问题,但其最大的核心作用是提倡通过和平谈判解决海洋治理问题。北极国家虽然立场和利益存在诸多分歧,但近 30 年来没有发生重大冲突,一个重要基础就是各方都认同以《联合国海洋法公约》作为解决争议的基础。目前,俄罗斯与作为西方阵营的其他北极国家在很多问题上存在矛盾冲突,但在北极问题上,俄罗斯与西方国家相对维持了一个比较平缓的态势,对《联合国海洋法公约》的共同认同是非常重要的因素。

以《联合国海洋法公约》作为解决海洋争端的主要工具基本上已经成为国际社会共识,虽然各国在实践中都会做出有利于自己的解释和运用,但尊重《联合国海洋法公约》的地位和作用已经成为国际道义的某种标准。在具体的策略上,中国和东南亚相关国家在未来建构南海国际治理机制的实践中要注意运用《联合国海洋法公约》中关于闭海的相关规定,充分利用《联合国海洋法公约》为半闭海周边国家提供的合作方式、合作权益,使之成为南海治理机制建构的重要基础和共识。在《联合国海洋法公约》其第九部分规定了闭海或半闭海制度,共有两个条款,分别是第一二二条"闭海或半闭海"的定义、第一二三条"闭海或半闭海沿岸国的合作"。其中第一二二条规定:"为本公约的目的,'闭海或半闭海'是指两个或两个以上国家所环绕并由一个狭窄的出口连接到另一个海或洋,或全部或主要由两个或两个以上沿海国的领海和专属经济区构成的海湾、海盆或海域。"。关于半闭海的合作，第一二三条规定："闭海或半闭海沿岸国在行使和履行本公约所规定的权利和义务时，应互相合作。为此目的，这些国家应尽力直接或通过适当区域组织：（a）协调海洋生物资源的管理、养护、勘探和开发；（b）协调行使和履行其在保护和保全海洋环境方面的权利和义务；（c）协调其科学研究政策，并在适当情形下在该地区进行联合的科学研究方案；（d）在适当情形下，邀请其他有关国家或国际组织与其合作以推行本条的规定。"本条使用的措辞"应互相合作"和"应尽力"，使得本条所规定的合作更倾向于一种倡议，而不是一种强制性义务。

中国与东南亚相关国家可以在海洋保护、科学研究等领域制定相关政策，邀请其他域外国家参与合作。一方面，可以以此为依据制定南海治理的许多具体政策，包括海洋环境保护、海洋科考具体政策，而且可以邀请域外国家参与此类合作。对域外国家在南海的行为提出一些标准和呼吁，比如，以保护南海海洋环境、养护南海海洋资源的名义，要求域外国家尊重南海国家/地区的治理规范，克制可能与这些保护机制有所不利的行动，比如大规模军事行动。

借鉴北极国际治理机制中北极理事会某种程度起到核心机制作用、北极国家在北极理事会中形成共同的身份认同和利益认同的做法，南海国家/地区应该逐步达成一定共识，在未来的南海合作治理机制建构过程中应该形成南海域内共同身份认同和利益认同的核心治理机制。目前，南海国家/地区因为彼此间的利益冲突和权益争执，没有形成共同认同的南海治理机制，所以难以形成类似于北极国家的共同身份认同，也就是所有南海国家/地区还没有形成"我们"的概念，虽然"我们"互相之间有着诸多的利益纠纷和立场分歧，但是"我们"和"他们"

是不同的，"我们"应该用"我们"共同认同的规则建立起解决"我们"彼此间矛盾分歧的办法和机制，而不是由"他们"来干预解决"我们"的问题。虽然从现实情况分析，很难在短期内让南海国家/地区形成这种身份认同，但假以时日，当所有南海国家/地区意识到形成这样的共同身份认同虽然不能完全解决"我们"互相之间的所有矛盾，但可以防止彼此矛盾的升级，也可以防止域外势力的卷入和干预来扩大和激化"我们"之间的矛盾分歧时，便有可能达成共识建立由所有南海国家/地区组成的核心治理机制。有学者认为可以完全参考北极理事会的经验，组建"南海理事会"。① 当然也有学者认为南海和北极问题差别很大，以北极理事会为蓝本建立"南海理事会"并不能起到应有的作用。② 笔者认为，类似的得到所有南海国家/地区共同认同的核心治理机制是必需的，没有这样的核心治理机制就无法应对复杂的南海局势，既不能协调南海域内国家的利益和立场，也不能对域外国家卷入南海事务进行一定的规范，由于域外国家卷入南海事务的初衷非常复杂，如果不能在它们进入南海时予以一定的规范，南海的治理机制就难以发挥有效作用，南海国家/地区就难以掌控南海形势的演变进程。

从北极治理机制目前的运行情况来看，北极理事会的过分保守的立场，对域外国家参与北极事务的排斥性策略从长远来看并不符合北极治理的需求和利益，也不利于北极国家的利益。北极理事会的保守立场如果长期不改变，可能导致域外国家寻求其他方式参与北极事务，反而会对北极理事会的职能和威望形成冲击。未来的南海合作与治理机制应该

---

① 高之国：《南海地区安全合作机制的回顾与展望——兼议设立南海合作理事会的问题》，《边界与海洋研究》2016年第1卷第2期。
② 郭培清、邹琪：《中美在南海-北极立场的对比研究》，《中国海洋大学学报（社会科学版）》2018年第5期。

采取开放的立场，对有意愿积极参加南海治理，并能提供正面贡献的域外国家要予以欢迎。但同时也应该在开放的同时有区别地对待各种域外国家卷入南海事务的行为。

当前，南海国家/地区与南海治理机制相关的最主要的工作日程是"南海行为准则"的谈判进程。从未来南海合作与治理机制的建构需求来看，"南海行为准则"应该是能够体现南海各国对未来南海治理的共同认识和各自利益的共同认同的最大公约数的结果，它应该是对所有南海国家/地区有一定规范和约束能力。考虑到目前南海问题的具体情况以及中国国家利益的实际情况，目前"南海行为准则"的这种规范和约束力可以是指导性但不具有强制性，也就是依然处于"软法"阶段，在未来根据形势的发展，可以赋予"南海行为准则"更广泛的职能。

"南海行为准则"将只是南海域内国家的行为规范，在"南海行为准则"谈判顺利结束、南海国家/地区达成共识以后，未来的南海合作与治理核心机制的建构就可以进入操作阶段。未来的南海合作与治理机制除了"南海行为准则"以外，也需要构建针对域外国家的规范，域内国家在达成共识的基础上阐述对南海问题的共同立场以及对域外国家参与南海事务，在南海发挥各种作用表达希望和关切。当然，考虑到实际情况，南海的合作与治理机制不可能像北极理事会一样对域外国家参与北极事务提出强制性的标准，但是只要南海的合作与治理机制能够在所有南海国家/地区形成共识的基础上建立，制定关于南海治理比如海洋环境保护、海洋资源养护、海洋科研标准、海上搜救体制建设、渔业资源保护等领域的各种制度、协定和规范，对域外国家在南海的行为就可以产生一定的舆论和道义牵制。

在完全解决南海问题前，应该在南海各国共同利益较大、共识较多的领域，主要是低敏感领域首先达成一系列领域性治理机制，使得南海国家能够形成命运共同体和利益共同体。

第一，渔业资源养护机制。南海是世界重要渔场，关系到周边国家/地区的民生，因此，从保护南海渔业资源出发，建立并完善南海国家/地区统一协调的各项渔业资源养护制度，建立渔业信息监测与数据交换平台，建立渔业资源预警机制和各国渔业执法部门的沟通协调机制可以是未来南海合作治理优先考虑方向。

第二，油污灾害预防及处理机制。南海是世界主要海上通道，尤其是世界能源贸易重要通道。亚太地区的中日韩三国是世界能源进口大国，每天都有大量油轮满载中东和非洲的石油驶往中日韩三国港口。与此同时，南海本身有大量的油气开采业务，海洋油气资源的勘探、开采、加工、储存、运输等各环节都存在油污污染海洋环境的风险，一旦发生油污泄露事件，将对南海产生巨大的环境灾害。因此，油污灾害预防及处理机制的建立，也是未来南海合作治理机制的重要内容之一。油污灾害预防及处理机制是复杂专业的整合体系，需要在区域合作互信的基础上，建立南海各国统一参加的油污损害的预防及应急、善后处理机制，以及法律责任追究机制。

第三，南海搜救机制的建立与合作。1979 年国际社会制定了《国际海上搜寻救助公约》，中国已经于 1985 年参加了该公约。2006 年，中国制定了《国家海上搜救应急预案》，规定建立国家海上搜救应急反应机制，最大限度地减少海上突发事件造成的人员伤亡和财产损失；履行中华人民共和国缔结或参加的有关国际公约。北极八国 2011 年 5 月 12 日正式通过了《北极搜救协定》，就各成员国承担的北极地区搜救区域和责任进行了规划。南海是世界上最繁忙的海上通道之一，发生各种海难的概率较大，建立完善、迅速的南海搜救机制有利于保障南海航道安全，也是中国南海岛礁为南海治理提供公共产品的重要渠道。马航MH370事件也表明南海各国/地区合作建立南海搜救机制已经是非常紧迫。南海搜救合作机制的建立将为南海的经济、贸易航运等事务提供安全保障，是南海低敏感领域合作机制的重要内容。

第四，建立南海的海洋保护区（包括水下文化遗产保护机制）合作治理机制。海洋保护区虽然未在《联合国海洋法公约》中明确规定，但由于美、英等发达国家的示范作用，已被越来越多的国家所采用。一方面，海洋保护区成为发达国家变相扩大其管辖海域的工具，另一方面，海洋保护区制度也确实为各沿海国保护海洋生态环境起到了非常重要的作用。1990年9月30日，中国国务院批准建立三亚珊瑚礁国家级自然保护区，这是国内第一个国家级珊瑚礁保护区①。随着南海渔业、油气资源的开发以及气候变化的影响，南海生态环境正受到严峻挑战。划定海洋保护区、限制甚至禁止开采资源和倾倒废物，是保护海洋生物多样性的有效措施。虽然《联合国海洋法公约》未明文规定"海洋保护区"这一用语，但《联合国海洋法公约》第一九二条、第一九四条第5款及第一九六条等规定，可视为"海洋保护区"概念的具体体现。根据《联合国海洋法公约》的相关规定，建立海洋保护区是沿海国行使对专属经济区内海洋环境保护和保全的管辖权的合法方式，其他国家应"顾及"沿海国的权利，其中包括遵守沿海国制定的专属经济区内的海洋保护区管理规定。在南海设立海洋保护区治理机制，在南海的生态敏感区设立海洋保护区，有利于南海海洋资源的可持续利用，也是南

---

① 候小建：《海南珊瑚礁分布面积居全国之冠》，《海南日报》2005年8月18日。

海低敏感领域合作的重要形式。由于在南海还存在争议海域，因此，南海各国在设立南海海洋保护区可以采用更为灵活的区域合作方式。南海海洋保护区合作机制作为南海治理机制的一部分建立起来后，一方面可以保护南海的生态环境，造福南海周边国家人民；另一方面也有助于减缓南海国家/地区间的海洋争议，也可以以此对域外国家在南海的过度军事活动进行约束。

美国智库的北极问题研究与启示*

孙凯　张晨曦**

近年来，北极问题在美国政府议程中的优先地位日益凸显。2013
年 5 月，美国政府发布的《北极地区国家战略》标志着北极问题正式
被提升到国家战略高度。在此之后，美国联邦政府的多个部门相继发布
了一系列本部门的北极政策文件，如《美国海军北极路线图 2014—
2030》《北极地区行动计划》等，美国政府的北极政策框架逐步明晰。
美国在 2015 年 4 月—2017 年 5 月担任北极理事会轮值主席国，北极问
题在美国政府议程中更具有相当优先的地位，特朗普上台以来，也加强
了对北极事务的重视。美国智库是美国除政府、企业之外的第三部门重
要行为体，向来以追求政策服务和社会影响为主要目标，在此背景下，
美国智库纷纷组建北极研究团队、设立专门的北极研究项目、发布北极
研究相关的报告、组织北极问题研讨会等，大有引领美国政府北极事务
议程的趋势。

　　* 原文《美国智库的北极问题研究与启示》发表于《中国海洋大学学报（社会科学版）》
2020 年第 5 期，第 40—47 页。
　　** 孙凯，中国海洋大学国际事务与公共管理学院教授、副院长、博士生导师，泰山学者青年
专家；张晨曦，中国海洋大学国际事务与公共管理学院国际关系专业研究生。本文得到国家社科
基金项目北极治理新态势与中国应对策略研究（15BGJ058）及山东省泰山学者基金支持。

　　本文选取对北极问题关注较多的美国对外关系领域最具影响力的著名智库，审视这些智库对北极问题的研究与活动，梳理并总结这些美国智库对北极问题研究的内容以及探索这些智库影响政府决策的机理，分析其特点并探究美国智库的北极研究对中国涉北极事务智库建设的启示。

一、美国智库的北极问题研究

　　随着北极问题在美国政府议程中地位的提升，美国智库对北极的研究与讨论也愈加重视，除了组建北极研究团队、设立北极研究项目并发布报告之外，智库相关人员还在国会涉及北极问题的听证会上提供证词，以期影响美国的北极政策。紧邻白宫的伍德罗·威尔逊国际学者中心（Woodrow Wilson International Center for Scholars，简称 Wilson Center）近年来对北极问题最为关注，从 2009 年始，其发布关于北极问题直接相关的研究成果众多，涉及北极安全、北极能源、北极基础设施建设、北极外交等多个领域。威尔逊中心还设有极地倡议项目（Polar Initiative）并随后设立极地研究所（Polar Institute）专门研究极地问题。战略与国际研究中心（Center for Strategic and International Studies）也非常重视北极问题的研究，通过发布高质量报告、举办听证会等方式输出智库的研究成果。位于纽约的美国外交关系委员会（Council on Foreign Relations）2016 年 6 月设立了独立的工作组，专门对美国的北极战略进行研究。另外，布鲁金斯学会（Brookings Institution）和新美国安全中心（Center for a New American Security）也自 2009 年开始对北极问题的关注和研究不断增加，并在随后一直保持较高的关注并有大量的成果发布。综合来看，这些智库对美国的北极问题主要关注的领域包括以下三个方面。

（一）对美国北极战略与外交的关注

小布什在 2009 年离任前夕，签署了《2009 年美国北极政策指令》文件，随后奥巴马政府就职，加强了对北极事务的关注。而美国各大智库也自此开始，加强对北极事务的关注，纷纷召集研讨会、发布文件或报告，阐述自身对美国在北极地区的战略利益、能源利益，以及美国在北极地区事务主导权等方面的看法，为美国的北极政策提供导向。这些智库主要关注的领域包括美国的北极安全政策、美国的北极能源政策以及美国在北极事务中的国际合作等。

在美国北极安全政策方面，战略与国际研究中心的希瑟·康莉（Heather A. Conley）和杰米·克劳特（Jamie Kraut）在 2010 年 4 月共同发表了题为《美国在北极的战略利益：当前的挑战与合作新机遇的一项评估》的报告。报告指出，气候变化的影响已经把北极圈推到了地缘政治的前沿，有可能将该地区转变为一个商业中心，这样的趋势不仅使北极地区面临环境层面的困扰，也给美国的国家安全带来了复杂挑战。[①] 对此，报告敦促美国参议院应尽快批准加入《联合国海洋法公约》，并提出要加快建造核破冰船并提升搜救能力，同时呼吁美国政府

---

① Heather A. Conley and Jamie Kraut, "U. S. Strategic Interests in the Arctic: An Assessment of Current Challenges and New Opportunities for Cooperation, " Center for Strategic and International Studies, April 2010, https://csis-prod. s3. amazonaws. com/s3fs-public/legacy _ files/files/publication/100426 _ Conley_ USStrategicInterests_ Web. pdf. （2020 年 3 月 10 日登录）

内部各机构之间在北极事务中的协调。外交关系委员会的国际事务研究员兼哥伦比亚大学能源中心的高级研究员斯科特·博尔格森（Scott G. Borgerson）就美国在北极的国家安全利益在众议院外交事务委员会进行听证，提出对美国北极政策的建议。他认为前所未有的气候变化正在影响着北极地区的地缘政治，北极地区尚未被发掘的能源、北极航道的开发和利用将导致该地区权力平衡的斗争。① 对此，博尔格森的建议是增加建造破冰船的资金投入，为海岸警卫队提供新的船只取代老旧设施，并且建议美国正式加入《联合国海洋法公约》，以确保该公约在美国大陆架扩展和西北航道归属等方面的条款对美国在北极地区的主权的益处。② 2018 年 12 月，威尔逊中心极地研究所举办"北极与美国国家安全"研讨会，政界、工业领域以及研究界人士均出席并对北极安全议题提出见解，参议院丽莎·穆考斯基（Lisa Murkowski）的办公室主任迈克尔·罗斯基（Michael Pawlowski）在会上呼吁北极应该作为国家的优先事项，通过建设北极地区基础设施来增强美国在该地区军事和民用的实体存在。③

美国智库不仅关注美国的北极安全，对美国的北极能源开发及其相关的政策也相当重视。布鲁金斯学会能源安全和气候倡议的高级研究员查尔斯·埃宾格（Charles K. Ebinger）在美国杂志《福布斯》撰写题

① Scott G. Borgerson, "Statement of Scott G. Borgerson Visiting Fellow for Ocean Governance at the Council on Foreign Relations," Council on Foreign Relations , March 25, 2009, https://cfrd8-files. cfr. org/sites/default/files/pdf/2009/03/Borgerson_Testimony_3_25_09. pdf. （2020 年 3 月 10 日登录）

② Scott G. Borgerson, "Statement of Scott G. Borgerson Visiting Fellow for Ocean Governance at the Council on Foreign Relations," Council on Foreign Relations , March 25, 2009, https://cfrd8-files. cfr. org/sites/default/files/pdf/2009/03/Borgerson_Testimony_3_25_09. pdf. （2020 年 3 月 10 日登录）

③ The Arctic and U.S. National Security, Wilson Center, December 4, 2018, https://www. wilsoncenter. org/event/the-arctic-and-us-national-security. （2020 年 3 月 10 日登录）

为《美国的能源比以往任何时候都更能自给自足，北极地区可以保证这一状态保持下去》的文章，在文中指出，阿拉斯加近海的联邦水域蕴藏着大约270亿桶石油和132万亿立方英尺的天然气，其中绝大多数位于北极海域，尤以楚科奇海为甚，它拥有的资源比其他任何未开发的美国能源盆地都多，可能是世界上大的未开发油气资源之一。① 埃宾格将美国在北极能源探索和基础设施投资方面的建设同俄罗斯和中国比较，敦促美国应尽快加强北极能源开发技术的研究并鼓励未来技术创新，以此确保美国在北极地区海上开发的长期可行性，这也将有利于获得阿拉斯加的能源来满足美国人民的日常需要。

2017年2月，对外关系委员会发布由萨德·艾伦（Thad W. Allen）、克里斯汀·惠特曼（Christine Todd Whitman）及项目总监埃斯特·布里默（Esther Brimmer）共同撰写的工作组报告《北极的当务之急：重新加强美国在第四海岸的战略》，强调北极拥有丰富的自然资源，该地区的石油和天然气是美国可以利用的战略资产的一部分，而渔业资源是美国在北极地区拥有的丰富的可再生资源，海冰迅速消退为各国提供了新的商业航运和旅游路线，冰和永久冻土的融化为开发北极丰富的自然资源创造了前所未有的机会。② 同年7月，战略与国际研究中心与参议院北极核心小组（The Senate Arctic Caucus）合作举办会议商讨"美国北极经济雄心：机遇和局限"（America's Arctic Economic

---

① Charles Ebinger, "The U.S. is more energy self-sufficient than ever before, and the Arctic can assure it stays that way," Forbes, September 10, 2015, https://www.forbes.com/sites/realspin/2015/09/10/the-u-s-is-more-energy-sufficient-than-ever-before-and-the-arctic-can-assure-it-stays-that-way/#2ddcfdd7472b. （2020年3月8日登录）

② Thad W. Allen, Christine Todd Whitman, and Esther Brimmer, "Arctic Imperatives: Reinforcing U.S. Strategy on America's Fourth Coast," Council on Foreign Relations, March 2017, https://cfrd8-files.cfr.org/sites/default/files/pdf/2017/02/TFR75_Arctic.pdf. （2020年3月10日登录）

Ambitions：Opportunities and Limitations），参议院北极核心小组联合主席丽莎·穆考斯基（Lisa Murkowski）在会上提出面对北极地区不断变化的形势，美国应当重视北极能源及基础设施建设，以俄罗斯在北极地区高效率的能源开发为范例，美国国内各部门需要协调落实阿拉斯加地区的能源开发。① 与此同时，也有智库专家认为，在探讨北极能源问题时应当转变思维方式。2019 年 3 月，战略与国际研究中心能源与国家安全计划高级研究员尼科斯·萨法斯（Nikos Tsafos）在报告《俄罗斯赢得了发展北极能源的竞赛吗?》中，将美俄两国在北极能源问题上的措施进行比较，认为俄罗斯积极参与和投入北极能源开发是因为国际制裁使其很大程度依赖北极能源，而美国能源公司有更多的选择来生产石油和天然气，没有十分依赖北极，因此，美国无须在北极能源领域同俄罗斯展开竞赛。②

在北极事务上同相关各方开展合作也是美国智库研究关注的重点。战略与国际研究中心在 2015 年美国担任北极理事会轮值主席国前夕举行"北极合作的未来"为主题的会议，探讨美国担任北极理事会轮值主席国期间的政策走向。国家科学基金会极地项目主任凯利·福克纳博士（Dr. Kelly Falkner）、威尔逊中心研究员肯尼斯·亚洛维茨（Kenneth S. Yalowitz）等受邀参加会议。会议上，政府官员和专家们经讨论指出：尽管当今北极处于不确定的地缘政治时期，但积极开展北极合作仍然是可行的，尤其是在科学研究、北极航运和搜救、北极商业经

---

① America's Arctic Economic Ambitions: Opportunities and Limitations, Center for Strategic and International Studies, July 19, 2017, https://www.csis.org/events/americas-arctic-economic-ambitions-opportunities-and-limitations. （2020 年 1 月 3 日登录）

② Nikos Tsafos, "Is Russia Winning the Race to Develop Arctic Energy?" Center for Strategic and International Studies, March 22, 2019, https://www.csis.org/analysis/russia-winning-race-develop-arctic-energy. （2020 年 1 月 3 日登录）

济以及渔业和海洋环境等领域国际合作尤为频繁。① 2018 年 5 月 29 日至 6 月 29 日，威尔逊中心与芬兰大使馆、芬兰气象研究所、挪威皇家大使馆、丹麦格陵兰自治政府代表等各方开展国际合作，举办了"北极月"活动，来自多个北极国家的专家、行业领导者和政策制定者参加了本次活动。在活动中，各方就北极气象学、北极合作、北极空间技术等问题进行商讨，这帮助了威尔逊中心极地倡议分析和解决全方位的北极动态。②

（二）密切关注域外国家在北极地区的动向

北极地区的事务越来越具有全球性，域外国家也是北极事务的重要利益攸关方。尽管域外国家在参与北极事务方面属于"后来者"，但随着北极事务日益的全球化，越来越多的域外国家积极参与北极事务。域外国家在北极事务中的参与，也引起了美国智库的关注。

中国是北极域外国家，也是北极事务重要的利益攸关方。随着中国对北极事务的参与热情日渐高涨，中国在北极地区的活动也受到美国智库密切而持续的关注。威尔逊研究中心于 2017 年 6 月的一篇题为《中国在北极》的文章指出随着中国继续崛起为全球大国，它很可能在北极扮演更重要的角色。③ 美国首都华盛顿的北极研究所的两位学者玛尔

① "The Future of Arctic Cooperation," Center for Strategic and International Studies, June 25, 2014, https://www.csis.org/events/future-arctic-cooperation.（2020 年 1 月 3 日登录）
② Wilson Center Launches "Month of the Arctic," Wilson Center, June 1, 2018, https://www.wilsoncenter.org/article/wilson-center-launches-month-the-arctic.（2020 年 1 月 4 日登录）
③ Anne-Marie Brady, "China in the Arctic," Wilson Center, June 13, 2017, https://www.wilsoncenter.org/article/china-the-arctic.（2020 年 1 月 4 日登录）

塔·哈姆波特（Malte Humpert）和安德斯·拉斯伯特尼克（Andreas Raspotnik）撰写题为《从长城到白色北方：理解中国的北极政治》的一文，认为尽管北极地区丰富的资源对中国来说可能很重要，但中国参与北极事务的首要目的并不是对地缘经济的考量，而是基于地缘政治的考量，包括通过加强与北极国家的地区战略伙伴关系来提升其在北极事务中的影响，进而提升中国在全球事务中的影响力。① 在中国发布《北极战略白皮书》之后，美国智库加大了对中国北极政策的关注和研究力度。2018 年 2 月，战略与国际研究中心的希瑟·康莉撰写了题为"中国的北极梦"的评论，她对中国北极政策的组织原则、中国在"开放的"北极的利益诉求进行分析并对北极公平治理的未来以及中美北极合作的未来提出建议和展望。② 2018 年 11 月，威尔逊中心雪莉·古德曼（Sherri Goodman）和乔治梅森大学研究生玛丽索尔·马多克斯（Marisol Maddox）联合撰写题为《中国日益增长的北极存在》的文章。文章从基础设施建设、资金投入、航道利用等多方面指出中国在北极逐渐加大的参与度，敦促美国加强领导作用，切勿错失战略机遇。③ 2020 年 3 月，战略与国际研究中心发布一份与安妮-玛丽·布雷迪（Anne-Marie Brady）的对话，指出中国在北极地区的主要利益和为此所作的努力、中国同北极国家和政府之间的交往以及如何应对中国在北极日益增

① Malte Humpert and Andreas Raspotnik, "From ' Great Wall' to ' Great White North' : Explaining China's Politics in the Arctic," August 17, 2012https://issuu. com/openbriefing/docs/chinas-politics-in-the-arctic. （2020 年 1 月 5 日登录）

② Heather A. Conley, "China's Arctic Dream," Center for Strategic and International Studies, February 26, 2018 , https://csis-prod. s3. amazonaws. com/s3fs-public/publication/180402 _ Conley _ ChinasArcticDream_ Web. pdf?CQME9UgX2VxDY0it5x_ h3VV8mloCUqd. （2020 年 1 月 5 日登录）

③ Sherri Goodman and Marisol Maddox, "China's Growing Arctic Presence," Wilson Center, November 19, 2018, https://www. wilsoncenter. org/article/chinas-growing-arctic-presence. （2020 年 1 月 5 日登录）

长的影响力。①

　　除了对中国在北极事务中的参与特别关注外，美国智库对于日本、韩国、新加坡等域外国家的北极事务参与也进行了相关研究。2014 年 5月，威尔逊中心的极地研究项目、基辛格中美关系研究所、亚洲项目、加拿大研究所、中国环境论坛、凯南研究所和全球欧洲项目共同主办的会议探讨了北极治理面临的新挑战，分析了利益攸关方国家的目标和政策，并评估了促进国际合作的手段。会议指出美国应认识到亚洲国家，特别是日本、韩国和新加坡，主要对北极的经济方面感兴趣，美国可以利用这些国家为实现北极的可持续发展而促进科学合作的意愿；鼓励亚洲内部在北极的合作，特别是三个东亚国家——中国、日本和韩国发展港口和必要的基础设施，使东北航道成为现实；让北极理事会成为亚洲国家举行非正式会议、讨论北极合作的场所，把历史积怨、领土争端和相互猜疑放在一边。②

（三）对北极治理相关问题的关注

　　北极治理是全球治理的一部分，近年来，随着气候变暖，北极生态系统发生越来越明显的变化，北极问题已经不是仅仅依靠北极国家的力量便可解决的。北极治理需要在多个议题领域聆听更多域外国家的建设性声音，同时也需要相关各方切实展开广泛的国际合作，共同推进北极

---

① "ChinaPower," Center for Strategic and International Studies, March 23, 2020, https://www.csis.org/podcasts/chinapower.（2020 年 3 月 24 日登录）

② Aki Tonami, "Arctic Politics Of Japan, South Korea, And Singapore," Wilson Center, February 15, 2014, https://www.wilsoncenter.org/publication/arctic-policies-japan-south-korea-and-singapore.（2020年 1 月 11 日登录）

地区治理体系和治理能力的完善和强化。

有智库提出从完善北极理事会机构设置的层面优化北极地区的治理体系和治理能力。2014 年 9 月，战略与国际研究中心举行了以"传递北极理事会火炬：加拿大轮值主席国的回顾和即将到来的美国轮值主席国的展望"为主题的会议，为美国在 2015 年 4 月接替加拿大担任北极理事会轮值主席国的相关问题进行讨论。会议认为，随着北极理事会扩大接纳新的观察员国和常任理事国，该理事会已经具有可塑性的治理结构，并且强调美国应加强北极理事会作为一个论坛的地位，例如，继续与北极理事会常设秘书处合作；跟踪项目并改善协议的执行情况；增加观察员国和常任理事国的参与；加强北极理事会与其他国际和政府间北极组织之间的关系；全面提高北极理事会内部的问责制和透明度；北极理事会的资金筹措需要不断审查和改进。①

在俄罗斯与西方关系紧张之时，美国智库也对美俄在北极事务中的关系进行了关注和研究。哈佛—麻省理工学院北极渔业项目的顾问安妮塔·帕洛（Anita L. Parlow）和当时的威尔逊中心极地倡议项目负责人兼伍德罗·威尔逊国际学者中心加拿大研究所高级顾问戴维·比耶特（David N. Biette）在 2015 年发表题为《俄罗斯和美国必须保持对话，在北极事务上合作》的文章，文章认为，美俄作为世界大国，合作的前景大于冲突，两国都应该调整自身政策，促进战略互信，寻求在北极

---

① "Passing the Arctic Council Torch: A Review of the Canadian Chairmanship and Preview of the Upcoming American Chairmanship," Center for Strategic and International Studies, September 30, 2014 , https: //csis-prod. s3. amazonaws. com/s3fs-public/legacy_ files/files/attachments/140930_ Passing_ the_ Arctic_Council_ Torch_ Executive_Summary. pdf. （2020 年 1 月 1 日登录）

事务中的合作。① 尽管两国在乌克兰问题叙利亚战争上关系紧张，但两国均应该加以克制，不能使这些地区的冲突和矛盾扩散至北极地区。

美国智库还相当重视同北极国家之间的合作，加强美国在北极治理中的领导作用。2019 年 12 月，战略与国际研究中心的希瑟·康莉出席国会听证会发表讲话指出，美国必须在北极同美国在该地区的国家加强北极外交，包括加拿大、丹麦、挪威、瑞典、芬兰和冰岛等，美国应召开与其北极盟国的外交和国防部长年度会议，以合作讨论和应对该地区新出现的挑战，还应推动多次召开五个北极沿海国家参加的会议，以讨论相关问题，加强美国在北极治理中的引领作用②

二、美国智库研究北极问题的特点

美国智库通过举办学术活动、发布权威报告等方式向政府传递声音，达到智库北极研究的最重要目标——影响美国政府的北极政策，它们有着自身的一套运行模式与运行特点。总体而言，美国智库的北极问题研究有着时效性强、政策相关度高、协作性强的特点。

---

① David N. Biette and Anita L. Parlow, "U. S. , Russia Must Keep Talking, Cooperating in Arctic, " Wilson Center, September 28, 2015, https://www. wilsoncenter. org/article/us-russia-must-keep-talking-cooperating-arctic. （2020 年 1 月 11 日登录）

② Heather A. Conley, "Expanding Opportunities, Challenges and Threats in the Arctic: A Focus on the U. S. Coast Guard Arctic Strategic Outlook, " Center for Strategic and International Studies, December 12, 2019, https://csis-prod. s3. amazonaws. com/s3fs-public/congressional _ testimony/191212 _ Conley _ Statement%2C%20PDF. pdf?fQbpKLV_8h3wMbBpdaKETTrBS_oecf1o. （2020 年 1 月 20 日登录）

（一）美国智库北极问题研究的时效性强

美国智库研究北极问题的时效性强，智库关注的议题紧贴时事，是北极事务中较为突出的热点问题。与此同时，智库也紧跟美国政府在北极事务中的角色定位，力求为政府在不同时期提供最为适当的建议。

作为正在崛起的大国，中国在北极事务中的参与受到美国政府和智库的高度关注。中国在 2018 年 1 月发布的《中国的北极政策》白皮书中明确表达了中国在北极事务中的自我定位、利益诉求和未来展望，备受瞩目的"冰上丝绸之路"倡议也在白皮书中被正式提出。此倡议一经提出，吸引了美国各界的注意，美国各大智库随即对其展开解读并发表相关看法。2018 年 2 月，在威尔逊中心"冰上丝绸之路：中国的北极雄心"简报中，多位学者如安妮-玛丽·布雷迪、谢里·古德曼等对"冰上丝绸之路"进行解读。同月，战略与国际研究中心也在文章中表达了认知和看法。多数美国智库学者将"冰上丝绸之路"看作中国对北极战略的重新定位，认为中国将借助"冰上丝绸之路"向世界表达中国在北极地区谋求合作共赢的立场，"冰上丝绸之路"使中国有更多机会通过合作参与北极事务。毫无疑问，美国智库对"冰上丝绸之路"倡议的这些认知，深刻影响着美国对"冰上丝绸之路"倡议的舆论走向、战略认知及应对策略，也是美国政府对华北极政策的重要指标和参考变量。[①]

2015—2017 年，美国担任了北极理事会轮值主席国，美国智库相

---

① 杨松霖：《美国智库对"冰上丝绸之路"倡议的认知及启示》，《情报杂志》2019 年第 7 期，第 47 页。

当重视这次机遇，进行诸多研究，力求促使美国政府把握住此次身份转变，推进美国北极事务的参与落实，并谋求加强美国在北极事务中的领导地位。2014 年 3 月，在美国接任主席国前夕，布鲁金斯能源安全倡议（Brookings Energy Security Initiative，ESI）向美国国务院递送了一份政策简报，对美国即将迎来的轮值主席国任期提出了具体的建议，如石油泄漏预防、控制和应对、提议美国设立专司北极事务的"北极大使"职位、通过加强海洋石油和天然气问题的国际合作和协调，支持并优先加强北极理事会的影响力等。[1] 2016 年 4 月，在美国担任北极理事会轮值主席国接近一周年之际，布鲁金斯学会召开了一场会议，美国北极事务特别代表、海军上将小罗伯特·帕普（Robert J. Pape，Jr.）和布鲁金斯学会能源安全和气候倡议的高级研究员查尔斯·埃宾格（Charles K. Ebinger）就美国在北极的领导地位和未来政策走向等问题发表主题演讲。[2] 2017 年 3 月，美国即将卸任轮值主席国，外交关系委员会萨德·艾伦担任主席的工作组发布《北极的当务之急：加强美国第四海岸战略》报告，报告再次敦促美国资助和建造更多破冰船；建议国会批准《联合国海洋法公约》；加强北极地区基础设施建设；密切同其他北极国家的合作；支持北极可持续发展和阿拉斯加原住民社区并投资科

---

[1] Charles K. Ebinger, "The Way Forward for U. S. Arctic Policy," Brookings, June 5, 2014, https://www.brookings.edu/blog/planetpolicy/2014/06/05/the-way-forward-for-u-s-arctic-policy/. （2020 年 1 月 28 日登录）

[2] Robert J. Papp, Jr. and Charles K. Ebinger, "The halfway point of the U. S. Arctic Council chairmanship: Where Do We Go From Here," Brookings, April 25, 2016, https://www.brookings.edu/events/the-halfway-point-of-the-u-s-arctic-council-chairmanship-where-do-we-go-from-here/. （2020 年 1 月 20 日登录）

研。① 美国智库对北极事务热点问题有着非常敏锐的嗅觉，对美国政府在北极事务中的角色定位有着清醒准确的认知，各智库对北极问题的研究具有很强的时效性，适时地为美国政府在北极问题上的决策提供相应的智力支持。

（二）美国智库北极问题研究政策相关度高

美国智库的北极研究及其倡议与政府的政策走向紧密相关，并且很大程度上可以转化成政策成果输出，这是美国智库相关研究的一大特点。

美国对外关系委员会的斯科特·博格森多次在《外交事务》撰文，呼吁奥巴马政府正视北极地区冰层融化所带来的地缘政治影响，在未来关键的几年里积极采取措施，避免美国进一步被"边缘化"。2013 年 5 月初，奥巴马政府颁布了《北极地区国家战略报告》；5 月 21 日，美国海岸警卫队发布了《海岸警卫队北极战略》；11 月 22 日，美国国防部又颁布了《国防部北极战略》，奥巴马政府在其第二任期内"向北看"。这充分体现了智库研究与政府决策之间紧密的联系，美国智库的研究直接影响美国政府的决策。

2019 年，美国宣布在格陵兰岛首府努克重建美国领事馆，这意味着美国现今已十分清楚地意识到格陵兰岛的战略重要性以及北极地区在美国国家安全层面的战略地位。重新审视并提升北极地区战略地位，这

---

① CFR Task Force, "U. S. Should Increase Its Strategic Commitment to the Arctic, Says CFR Task Force," Council on Foreign Relations, March 22, 2017, https://www.cfr.org/news-releases/us-should-increase-its-strategic-commitment-arctic-says-cfr-task-force. （2020 年 1 月 30 日登录）

是多家美国智库在进行北极事务研究的过程中曾多次提到的观点，"美国重返格陵兰"的举动足以证明美国政府赞同这一观点并在将其逐步落实。2019 年 4 月，美国海岸警卫队发布了最新的《北极战略展望》，该战略准确指出美国在北极地区面临的长期挑战，尤其强调俄罗斯和中国在北极的军事和经济存在，将北极地区的战略重要性提高到前所未有的高度。① 然而，有智库指出，美国政府在北极地区的行动力依然迟缓，相较于逐步加大北极参与力度的俄罗斯和中国而言，美国政府在北极相关政策的落实方面依然存在很大改善空间。

2019 年 5 月，威尔逊中心的极地研究所和美国海洋运输系统委员会（U. S. Committee on the Marine Transportation System）共同举办"北极基础设施：为明天而建造"的会议以支持 2019 年国家基础设施周。② 在基础设施周这样特殊的时间点举办有关北极基础设施建设的活动，有利于吸引政策制定者的注意，从而使倡议等获得更大机会转变成具体政策措施。该智库于 2019 年 12 月再次举办了以基础设施建设为主题的会议，美国智库在议题讨论上的连贯性使他们可以为政府部门提供某一议题长久性的建议。许多美国智库研究人员同时也在政府部门任职，这使得智库研究可以更加高效便捷地同政府部门形成良性互动，知识和权力的结合有很大可能转化为政策输出。然而，美国政府在 2019 年发布的北极相关文件中，除了正式启动重型极地安全巡航舰主要用于南极洲的使用外，并没有提及关于北极基础设施建设方面的具体措施。可见，以政策服务为己任的各大美国智库在已经取得的政策服务成果的前提下仍

---

① *Arctic Strategy Outlook*, https://www.uscg.mil/Portals/0/Images/arctic/Arctic_Strategic_Outlook_APR_2019.pdf.（2020 年 2 月 3 日登录）

② "Infrastructure in the Arctic: Building for Tomorrow," Wilson Center, May 17, 2019, https://www.wilsoncenter.org/event/infrastructure-the-arctic-building-for-tomorrow.（2020 年 2 月 7 日登录）

需进一步对政府施加影响。

（三）美国智库北极研究的协作性强

美国智库之间在相互协作方面有着极强的配合度。例如，华盛顿大学、海岸警卫队北极政策研究中心、阿拉斯加大学费尔班克斯分校国际北极研究中心和海军战争学院中国海事研究所等，它们之间有着十分紧密的协作联系。2018 年 10 月 18 日，美国海岸警卫队"希利"号破冰船的全体船员完成了 2018 年夏季在北极西部的第二任务期。此次任务是为海军研究所进行的一项科学任务，目的是研究北极分层海洋动力学。① 这个项目由西雅图华盛顿大学应用物理实验室的克雷格·李博士（Dr. Craig Lee）负责，旨在更好地了解北极环境如何影响北冰洋的不同冰层，了解这些环境因素可能有助于更好地预测该地区的冰覆盖情况。②

美国智库北极研究的协作性不仅体现在国内智库之间，在国际层面，美国智库也同其他国家的智库进行北极研究协作。2017 年 2 月，中国科学院西北生态环境资源研究院与美国阿拉斯加大学费尔班克斯分校国际北极研究中心在兰州举办了双边合作研讨会。双方交换了合作备忘录，并就双方合作的研究方向设定、人才培养及研究基地建设等方面

① U. S. Coast Guard News, "USCG's Icebreakers Support National Security in the Arctic," *The Maritime Executive*, October 22, 2018, https://www.maritime-executive.com/editorials/uscg-s-icebreakers-support-national-security-in-the-arctic. （2020 年 2 月 8 日登录）

② U. S. Coast Guard News, "USCG's Icebreakers Support National Security in the Arctic," *The Maritime Executive*, October 22, 2018, https://www.maritime-executive.com/editorials/uscg-s-icebreakers-support-national-security-in-the-arctic. （2020 年 2 月 8 日登录）

及相关具体细节进行了为期两天的深入交流。① 美国阿拉斯加大学费尔班克斯分校国际北极研究中心成立于 1999 年，在国际北极研究领域具有相当的权威性，与之开展合作，积极利用国际一流的北极研究平台，将大大有利于提升中国北极研究机构在北极治理与可持续发展方面的研究水平。

美国智库在北极研究领域广泛开展合作，充分发挥各自研究优势，为推动美国北极研究贡献了诸多成果。这种务实合作不仅局限于美国国内智库之间，在国际上，美国智库也同其他国家积极展开北极问题的交流与协作，集思广益，对话沟通，建设性地促进美国北极研究的进步与国际合作。

三、美国智库北极研究对中国的启示

习近平总书记在党的十九大报告中提出"加强中国特色新型智库建设"的要求，进一步将智库建设提升为国家战略。而在北极事务领域的智库建设方面，随着中国在北极事务中参与度的深入，中国涉北极事务的智库建设也提上了日程，并推进相关的机构建设和人才培养进程。美国智库的北极问题研究及其特点，可以为中国智库的北极问题研究提供一些启示。

第一，中国智库的北极问题研究要加强时效性和前瞻性。随着中国

① 《西北研究院与美国阿拉斯加大学召开国际北极研究中心双边合作研讨会》，中国科学院西北生态环境资源研究院，2017 年 2 月 13 日，http://www.nieer.cas.cn/hzjl/gjhy/201702/t20170214_4745043.html。（2020 年 2 月 13 日登录）

决策体制的改革，智库及其相关成果越来越受到政府决策的重视，这也为智库的发展带来的新的机遇。但对决策能够产生影响的智库研究成果，必须具有高度的前瞻性和时效性。随着中国北极研究智库的建立和发展，尤其是在高校内设立的一系列涉北极事务的研究机构，在涉北极事务人才培养方面已经初具规模。这些北极智库研究的内容也逐渐拓展和深化，包括北极地缘政治、北极经济社会发展、北极国别和外交、北极航运问题、北极治理机制问题，以及"冰上丝绸之路"等方面的问题。对于这些问题的深入研究，为我国北极事务决策提供了参考。中国智库的北极问题研究，还需加强前瞻性的研究，对于北极治理以及北极地缘政治态势发展的研究进行预判，以更为及时有效的为我国的北极事务决策提供参考。高校智库也应充分发挥其理论研究的优势，夯实理论研究的基础并在此基础上，提出切实可行的对策建议。

第二，中国的北极问题研究智库应该加强协同性。在过去十几年间，中国的北极问题研究智库纷纷建立，如中国极地研究中心设立了极地战略研究室，上海国际问题研究院设立海洋与极地研究中心，在一些高校中也成立了专门的极地研究机构，如中国海洋大学的极地研究中心，同济大学设立了极地与海洋国际问题研究中心，武汉大学成立中国边界与海洋问题研究院，大连海事大学极地海事研究中心等。这些智库的重点研究领域包括北极战略问题、北极外交问题、北极法律问题、北极航运问题等。这些智库彼此之间的并没有形成有效的交流沟通机制，也没有制度化的协同研究。这不仅造成了人力资源和财力资源的浪费，也造成了对一些问题重复研究的局面。中国的北极研究智库应建立一种类似于协同创新中心模式的"极地社会科学研究协同创新中心"，在这一平台下，根据不同智库的研究特长进行适当的侧重和分工，不仅可以充分发挥各智库研究的特长，推进智库之间的交流和互动，也会更为高效地利用资源，形成北极问题研究多领域的"全覆盖"。

第三，中国的北极问题研究智库应进一步推进与国外北极研究智库和相关机构的交流与合作。中国智库的北极问题研究，从本质上来说是国际问题研究的一部分。国际问题的研究，离不开有效的国际交流。中国的北极研究智库也开始注重与国外北极研究智库之间的交流。在中国极地研究中心的牵头下，2013 年 12 月成立了中国—北欧北极研究中心，来自中国和北欧五国的 10 多家涉北极事务研究机构作为代表，合作开展课题研究，并支持中国和北欧国家之间的交流，每年定期召开研讨会。另外，同济大学极地与海洋国际问题研究中心与美国战略与国际研究中心联合其他单位发起中美北极社会科学论坛，中国海洋大学与俄罗斯圣彼得堡大学共同发起的中俄北极论坛等。但中国与国外北极研究机构之间的交流和互动还有待进一步加强，在课题研究、人员互访、学术研讨等方面。另外，需要加强与其他国家涉北极事务研究机构和高校之间的交流与合作。

四、结论

随着北极问题在美国政府议程中地位的上升，美国的智库加强了对北极问题的研究。美国智库的北极问题研究所关注的研究领域和政府议程密切相关，美国智库之间存在着彼此竞争的关系，要在"思想市场"中拔得头筹，必须提供及时有效的、切实可行的、具有政策影响力的对策建议。因此，美国智库的研究具有时效性强、政策相关度高，以及协作性强等特点。中国北极问题研究智库在近年来也有了相当规模的发展，由于中国的决策体制以及智库之间的关系与美国不同，美国智库的北极问题研究可以为中国的北极研究智库提供一定的经验参考，但中国的北极研究智库需要基于中国的国情，注重研究的时效性、前瞻性的基础上，加强彼此之间的协作与分工，进一步推进与国际层面相关智库的交流与协作，为国家决策提供对策建议的同时，在国际层面积极发声，进一步提升中国在北极事务中的话语权和影响力，为北极治理提供中国智慧和中国方案。

地区秩序重构中的南海问题
与中国的应对方略*

张　洁**

　　美国"印太战略"的提出始于亚太地区国家力量对比发生的根本性变化，目的是构建美国主导的地区新秩序。而南海问题是美国"印太战略"最核心、最重要的安全议题，它关系到中美两国海上实力的博弈、国际规则话语权的博弈以及地区秩序主导权的博弈。有鉴于此，中国应对南海问题进行再定位，进一步完善、优化和清晰化地区秩序的"中国方案"。

一、亚太地区秩序的解构与美国"印太战略"的提出

　　2010年以来，亚太地区主要国家力量对比的变化推动了地区秩序的调整，其中又以中美两国最具影响力。2017年底，美国提出了"印

---

　　* 本文发表于《东亚评论》第33辑。
　　** 张洁，中国社会科学院亚太与全球战略研究院研究员，中国社会科学院地区安全研究中心副主任。

太战略"，这是对中国构建新地区秩序的一种应激性反应。美国"印太战略"的根本目的是制衡中国地区影响力的扩大，维持和巩固自身的地区主导地位。

（一）亚太地区秩序的演变与重构

二战结束至今，美国一直是亚太地区秩序的重要塑造者和主导者。冷战时期，全球形成了以美苏争霸为主要特征的国际格局，在亚太地区，美国为巩固自身的霸权地位，建立了自身主导下的双边军事同盟体系。冷战结束后，美国同盟体系在亚太秩序中的地位进一步提升，从冷战时期的"轴辐"模式发展为"扇形"模式，即以美日同盟关系为核心，基于此巩固与韩国、澳大利亚等盟友的联系。美国的同盟关系不仅注重安全合作，而且着力加强彼此间的经济合作，并且试图拉拢其他东亚国家和地区构建一个紧密的亚太区域合作机制。但是东亚，特别是东盟、中国对美国的主导很担心，不支持建立一个内向的亚太区域市场与区域组织。最终，在"开放的地区主义"指导下，亚太地区的合作呈现"多轮驱动"和"竞争性开放"。① 到 21 世纪初，美国的军事同盟仍然对亚太地区的安全秩序占有主导地位，而经济秩序则出现多元化的趋势，即中国、东南亚国家等新兴力量的崛起，并且这种趋势逐渐从经济领域开始向安全领域延展。

进入 21 世纪 10 年代，随着中国综合国力的显著提升、中日力量对

---

① 相关论述可参见吴心伯：《奥巴马政府与亚太地区秩序》，《世界经济与政治》2013 年第 8 期；吴心伯：《论亚太大变局》，《世界经济与政治》2017 年第 6 期；张蕴岭：《转变中的亚太区域关系与机制》，《外交评论》2018 年第 3 期；钟飞腾、张洁：《雁型安全模式与中国周边外交的战略选择》，《世界经济与政治》2011 年第 8 期。

比出现逆转以及中美实力对比差距缩小，美国在亚太秩序中的主导地位受到冲击。作为应对，奥巴马执政时期实施了"亚太再平衡"战略，试图通过加强自身在亚太的存在，巩固同盟关系、构建伙伴关系，更多利用地区多边合作机制等多层次的战略构建，向亚太盟友与安全伙伴展示美国提供安全承诺的决心与"可靠性"，同时"推回"中国在地区影响力的"扩张"。

2017年1月特朗普就任美国总统，之后宣称全面放弃"亚太再平衡"战略，退出《跨太平洋伙伴关系协定》（TPP），重新平衡美国与亚太国家的经济关系，改变美国多年对亚太国家的贸易赤字状态，而且还要求日本、韩国等盟友分担更多的防务责任和成本。特朗普政府"弃旧而不立"，一方面，其新亚太政策"千呼万唤不出来"；另一方面，其对东亚峰会等地区合作机制漠然以对，这些做法极大消耗了盟友和伙伴关系国家对美国在亚太事务中的领导力和安全承诺的信心，使这些国家产生了极大的战略焦虑和不安。与美国形成鲜明对比的是，中国国家实力的上升，经营与塑造周边乃至亚太的能力不断强化，关于地区秩序的"中国方案"初步形成。这种变化使得日本、澳大利亚等美国盟国十分担忧，并促使它们在制定本国地区新战略的同时，通过重启"美日印澳"四边机制将美国"留在"亚太，共同应对中国的崛起。在上述因素的共同推动下，美国最终推出了"印太战略"。

（二）美国"印太战略"的提出与初步实践

2017年11月，美国总统特朗普在亚太之行期间高调宣布"印太战略"将成为美国的地区新战略。同年12月，美国白宫发布特朗普任内的第一份《国家安全战略报告》，列举了中国在印太地区对美国构成的三重威胁："中国通过基础设施投资和对外贸易战略强化地缘政治野心"；"通过修建和军事化在南海的前沿哨所，威胁自由贸易流动，威胁其他国家的主权，削弱地区稳定性"；"通过快速的军事现代化限制美国进入印太地区，从而可以为所欲为"。[1] 2018 年 1 月，美国国防部发布《美国国防战略报告》，将中国确定为"战略竞争对手"，称中国"正利用军事现代化、影响力行动和掠夺式的经济活动威胁邻国，重构有利于自身的印太地区秩序……中国的近期目标是推行以获取印太地区霸权为目标的军事现代化方案，远期目标是取代美国掌握全球的主导权"。[2] 这两个重量级报告均正式使用了"印太"概念，并对中国的"威胁"进行了浓墨重彩的描述。

自 2018 年 4 月起，美国政府高官逐步对"自由与开放的印太"战略做出具体阐释，这一战略是在政治、经济与安全等领域同时多管齐下，鉴于篇幅所限，本文集中讨论其安全议程的主要内容、政策实施地区影响。2018 年 6 月，美国防部长马蒂斯（James Mattis）在香格里拉安全会议上阐述了"印太战略"关注的四大安全问题：帮助伙伴国提升海军和海上执法能力，加强对海上公域的监控和保护；向盟友提供先进的防务装备以及加强安全合作，增强与盟友的互动性；强化法治与透

---

① The White House, *National Security Strategy of the United States of America*, December 2017, p. 46, https://www.whitehouse.gov/wp-content/uploads/2017/12/NSS-Final-12-18-2017-0905-2.pdf. 转引自刘畅：《特朗普〈国家安全战略报告〉评析》，《和平与发展》2018 年第 1 期，第 56 页。

② US Department of Defense, *Summary of the National Defense Strategy of the United States of America*, 2018, https://dod.defense.gov/Portals/1/Documents/pubs/2018-National-Defense-Strategy-Summary.pdf.

明治理；推动由私营部门引领的经济发展。^① 同年 8 月，美国国务院发表的"美国在印太区域的安全合作"情况说明书（fact sheet）详细列出了五大目标，即确保海上与空中自由、推进市场经济、支持良政与自由、保障主权国家免受外部威胁以及促进伙伴维护和推进基于规则的秩序。^② 到同年 12 月 31 日，特朗普签署了参议院第 2736 号提案——《亚洲再保证倡议法案》（Asia Reassurance Initiative Act of 2018），以法案形式确立了加强美国在印太地区的安全、经济利益和价值的战略。按照美国传统基金会亚洲研究中心主任沃尔特·罗曼（Walter Lohman）的评价，该法案"强化了国会和政府的共识，让世界看到了美国政府在塑造印太地区关键政治议题上的高度一致"。^③ 2019 年 6 月，美国国防部发布了首份《印太战略报告》^④，显示了美国军方在对华政策中的特殊角色，也阐明了美军未来推动"印太战略"安全议程的具体实施方案，即继续加大应对与中国爆发武装冲突的准备；通过构筑多层次的盟友与伙伴关系，推动"网络化"安全架构，巩固针对中国的军事制衡力量；采取"经济问题安全化"的策略，以"印太战略"制衡"一带一路"的地区影响；提升与盟友、伙伴之间的互操作性（interoperability），形

---

① "Remarks by Secretary Mattis at Plenary Session of the 2018 Shangri-La Dialogue Singapore," U. S. Department of Defense, June 2, 2018, https://dod. defense. gov/News/Transcripts/Transcript-View/Article/1538599/remarks-by-secretary-mattis-at-plenary-session-of-the-2018-shangri-la-dialogue/.

② 陈积敏：《美国印太战略及其对中国的挑战》，《学习时报》2018 年 10 月 22 日，第 2 版。

③ Walter Lohman, "Congress is Standing United on the Indo-Pacific," The Heritage Foundation, December 6, 2018, https://www. heritage. org/asia/commentary/congress-standing-united-the-indo-pacific, 转引自任远喆：《特朗普政府的东南亚政策解析》，《美国研究》2019 年第 1 期，第 65 页。

④ Department of Defense, *Indo-Pacific Strategy Report: Preparedness, Partnerships, and Promoting a Networked Region*, June 1, 2019, https://media. defense. gov/2019/Jul/01/2002152311/-1/-1/1/DEPARTMENT-OF-DEFENSE-INDO-PACIFIC-STRATEGY-REPORT-2019. PDF.

成相互协调配合的局面。①

在实践层面，2018 年 5 月底，美国太平洋司令部更名为印度洋—太平洋司令部，同时，继承并强化了奥巴马政府时期的"亚太再平衡"战略——加强美国在印太地区的军事存在，加大了与日本、澳大利亚、菲律宾、印度等国的双边安全合作以及美日澳、美日印等小三边的联合军事演习。截至 2019 年底，美国"印太战略"的愿景和路径基本清晰，实心化、机制化与多边化特征明显，并且以"全政府"方式加以落实。

二、美国"印太战略"的出台提升了南海问题的战略价值

近年来，经过与中国在南海问题上的多番较量，美国国内已经基本对南海问题形成共识，即南海问题是 21 世纪美中两国在亚太地区的大国博弈问题，是关系到地区秩序主导权之争的全球性安全问题。按照美国亚太安全问题专家帕特里克·克罗宁（Patrick Cronin）的解读，南海地区对美国利益的重要性主要表现在四个方面：第一，南海是中美作为崛起国与守成霸权国开展战略竞争的交汇点；第二，南海是塑造亚太地区国际关系与基于规则的地区秩序的场所；第三，南海是美国军事主导地位的试金石；第四，南海是地区经济中心以及全球航运的关键枢

---

① 赵明昊：《美国推进"印太战略"的四个趋向》，《世界知识》2019 年第 13 期，第 34—35 页。

纽。^① 因此，由上述利益关切所决定，美国在南海问题的一系列具体议题上展开与中国的博弈，包括中国在南海岛礁建设与军事设施部署，"南海仲裁案"及裁决结果的"落实"，美国在争议海域的军事活动以及所谓的"航行与飞越自由"问题，等等。

特朗普执政初期，南海问题在美国亚太安全议程中的排序一度下滑。即使如此，在南海海域，美国的军事活动不减反增，原因是美国国会与军队在实际中主导着美国的南海政策，较之经济和外交领域，受到政府更迭的影响较小。^②至美国"印太战略"逐步形成与出台，南海问题的战略重要性被进一步提升，突出表现为："印太"概念凸显了南海海域的地缘战略价值；"印太战略"对东盟"中心地位"的承认与南海问题的战略价值形成叠加效应；"印太战略"针对南海问题提出的"自由""开放"以及其他地区安全规则，成为凝聚盟友与伙伴关系共识的"黏合剂"。

第一，在地缘战略方面，"印太"取代"亚太"，南海海域的中心地理位置被进一步强化。按照美国国务卿蒂勒森（Rex Tillerson）2017年10月在美国战略与国际研究中心发表演讲时的界定，"印太"包括"整个印度洋、西太平洋以及周边国家……将是21世纪全球最重要的部分"。^③"印太"概念将亚太和印度洋地区视为紧密融合与彼此连接的地区，塑造了一个单独的地缘战略舞台（a single geostrategic theatre），凸

---

① ［美］帕特里克·克罗宁：《南海地区的权力与秩序：美国南海政策的战略框架》，《亚太安全与海洋研究》2017年第1期，第35页。

② 张洁：《东盟版"印太"愿景：对地区秩序变化的认知与战略选择》，《太平洋学报》2019年第6期。

③ Rex Tillerson, "Defining Our Relationship with India for the Next Century," CSIS, October 18, 2017, https://www.csis.org/events/defining-our-relationship-india-next-century-address-us-secretary-state-rex-tillerson.

显了这一地区的战略价值。① 而南海与东南亚海域正位于这一地区的中心，加之南海本来就是全球性海洋航线的聚集地与全球经贸往来的重要运输通道，这就使得南海海域更加成为各方利益的汇集点，各种力量博弈的焦点。近年来，就连法国、英国等国都开始高调重谈他们从殖民时期至今在南海乃至印太地区拥有的诸多国家利益，这反映出南海海域战略价值将会继续提升的趋势。

第二，美国"印太战略"对东盟"中心地位"的认可与南海问题形成叠加效应。东盟是世界上最具经济活力的区域，东盟搭建的多个对话平台具有广泛的地区影响力，这些特质决定了东盟是本地区无法被忽视的力量，是大国地缘政治竞争的核心地区。② 自"印太战略"提出后，美国副总统彭斯、时任国防部长马蒂斯、印太司令部司令菲利普·戴维森等政要多次肯定东盟的中心地位，承诺继续支持东盟主导下的东盟地区论坛、东盟防长扩大会议、东亚峰会等地区机制的建设。在行动上，美国对印太地区的 1.13 亿美元新投资计划专门拨出 1000 万美元用于"美国—东盟联通行动计划"（US-ASEAN Connect）、"湄公河下游行动计划"（Lower Mekong Initiative）等有关东盟的地区机制建设。③

为了拉拢东盟，更是为了能够直接介入南海问题，美国不断加大对菲律宾、越南等国的海上安全援助与军事合作，其中最为突出的一点是，2019 年美国主动提出要将部分中菲南海争议海域纳入《美菲共同

---

① Evan Laksmana, "Indonesia's Indo-Pacific Vision Is a Call for ASEAN to Stick Together Instead of Picking Sides," *South China Morning Post*, November 20, 2018, https://www.scmp.com/week-asia/geopolitics/article/2173934/indonesias-indo-pacific-vision-call-asean-stick-together.

② David Shambaugh, *U. S. Relations with Southeast Asia in 2018: More Continuity Than Change*, Singapore: ISEAS Yusof Ishak Institute, No. 18, 2018, p. 4.

③ 张洁：《东盟版"印太"愿景：对地区秩序变化的认知与战略选择》，《太平洋学报》2019 年第 6 期，第 6 页。

防御条约》，一改过去极力避免被卷入争议的立场。

第三，也是最重要的一点，美国力图使南海问题成为凝聚盟友与伙伴关系共识的"黏合剂"。

美国防部发布的《印太战略报告》指出，盟友和伙伴网络是实现和平、威慑和可互操作作战能力的关键一环，并将这一网络分为了四层。第一层是包括日本、韩国、澳大利亚、菲律宾和泰国的联盟；第二层是包括新加坡、中国台湾地区、印度、新西兰和蒙古的伙伴关系；第三层是寻求与斯里兰卡、马尔代夫、孟加拉国、尼泊尔、越南、印度尼西亚、马来西亚、文莱、老挝和柬埔寨加强安全关系。第四层是密切与英国、法国和加拿大等关键盟友的关系，目的是维护印太地区的自由与开放。[①]

对于美国的"印太战略"，日本、澳大利亚等美国盟友以及印度及多数东南亚国家的态度具有复杂性与摇摆性，这主要是由于他们对美国"印太战略"经济议程持有疑虑。这些国家一方面认为美国的单边主义与"美国优先"不符合本国、本地区经济发展的需求，另一方面担心美国心有余而资金不足，无法为地区基础设施提供"可替代性的"投资。因此，它们更支持区域合作，例如，积极推进"区域全面经济伙伴关系"（Regional Comprehensive Economic Partnership，RCEP），日本重新调整对"一带一路"倡议的立场并逐步加强与中国在第三方市场的合作，等等。但是在安全领域，许多地区国家对美国"印太战略"的安全议程做出了程度不等的积极回应，认同美国强调以"和平解决

---

① Department of Defense, *Indo-Pacific Strategy Report: Preparedness, Partnerships, and Promoting a Networked Region*, June 1, 2019, https://media. defense. gov/2019/Jul/01/2002152311/-1/-1/1/DEPARTMENT-OF-DEFENSE-INDO-PACIFIC-STRATEGY-REPORT-2019. PDF.

国际争端；遵守国际准则和规范，包括航行自由与飞越自由"等"规则"作为构建地区秩序的主张，对于美国"印太战略"诬称中国使贸易伙伴面临着经济和国家安全的双重风险，并且把破坏或威胁上述"规则"的矛头指向中国时也给予了默许与支持，这是因为，这些国家对于中国地区影响力的上升及其海上力量的增长同样保持警惕与怀疑态度。

例如，在南海问题上，日本、澳大利亚、英国、法国等国一直是坚定的对华批评者，最显著的试金石是菲律宾单方面提起的"南海仲裁案"。2016 年 4 月，在"南海仲裁案"所谓的"裁决"公布之前，七国集团就单独发表了有关海洋安全的声明，试图迫使中国接受仲裁结果。尤其是美、日、澳三国，它们在同年 7 月仲裁案裁决公布后的 24 小时内发表了声明，要求中国遵守仲裁结果。[①] 此后，美、日、澳、英、法、印等国多次以双边、小多边的形式发表声明，呼吁南海相关国家在南海地区遵守《联合国海洋法公约》在内的国际法原则，不以武力或武力威胁解决海洋争端，保持南海地区的航行与飞越自由，等等。

从"印太"概念兴起到"印太战略"（或愿景）形成的过程中，这些国家仍然是急先锋，并在安全议程的设置上把中国作为制衡目标。例如，2012 年底安倍第二次执政后，日本逐步将"印太"概念作为外交支柱并不断细化。2016 年，安倍在第六届东京非洲发展国际会议上正式提出"自由、开放的印太战略"，标志着日本将"印太"概念发展为战略，并作为安倍外交的重点。[②] 2018 年底，日本又将"印太战略"

---

① 张洁：《南海争端：三轨框架下的博弈与合作》，载张洁主编：《中国周边安全形势评估（2017）：大国关系与地区秩序》，北京：社会科学文献出版社 2017 年版，第 148—149 页。

② 葛建华：《试析日本的"印太战略"》，《日本学刊》2018 年第 1 期，第 68 页。

改为"印太构想",在此框架下重点打造"美日印澳"四边机制。此外,日本强调要在"印太"地区做规则的倡导者、全球共同利益的捍卫者,要与美国、韩国、澳大利亚等民主国家共同维护海洋这一全球公域。①

澳大利亚对"印太"概念的使用最为积极、系统和全面。2017 年,澳大利亚的官方文件中"印太"概念对"亚太"概念的置换工作已经基本完成,"印太"成为其思考和处理国际问题的主要地区概念框架。②。澳同年发布的《外交白皮书》再次就南海问题对中国点名批评,称"呼吁相关方停止填海造陆和建设活动,澳大利亚尤其对目前中国以前所未有的速度和规模行动而感到担忧"。③ 在美国"印太战略"推进中,特恩布尔(Malcolm Turnbull)和莫里森(Scott Morrison)政府积极深化美澳军事同盟,加强美澳、美日澳的军事合作,要求重返美日印三方的"马拉巴尔"(Malabar)海上军事演习,试图提升自身在印太区域的军事枢纽地位。

2019 年 6 月美国国防部发布的《印太战略报告》将英国、法国也纳入其"印太"同盟体系,④ 而此前英、法两国已经先后出台了"印太战略"。法国声称自己本来就是"印太"国家,鉴于"印太"地区的战略竞争加剧,多边主义衰落,诸如主权平等、不干涉原则、尊重领土边

---

① 吴怀中:《安倍政府印太战略及中国的应对》,《现代国际关系》2018 年第 1 期,第14 页。

② 周方银、王婉:《澳大利亚视角下的印太战略及中国的应对》,《现代国际关系》2018 年第 1 期, 第29—30 页。

③ Australian Government, *2017 Foreign Policy White Paper*, November 2017, https://apo. org. au/sites/default/files/resource-files/2017-11/apo-nid120661. pdf. (2020 年 4 月 29 日登录)

④ Department of Defense, *Indo-Pacific Strategy Report: Preparedness, Partnerships, and Promoting a Networked Region*, June 1, 2019, https://media. defense. gov/2019/Jul/01/2002152311/-1/-1/1/DEPARTMENT-OF-DEFENSE-INDO-PACIFIC-STRATEGY-REPORT-2019. PDF.

界等地区核心价值观被削弱，法国要保护自身在印太地区的国家利益，也要加强与美、澳、印度以及马来西亚等国的军事与安全合作，共同维护自由与开放的海上通道。① 英国从 2016 年以后，开始调整南海政策，在 2018 年发布的《国家安全实力评估》暨 2015 年《国家安全战略与战略防御安全评估》年度执行报告中，明确提出"在南亚和东亚，包括在南中国海，国家间的竞争带来了误判和冲突的风险"。这是英国历史上第一次在国家安全战略文件中点名南海争端。②

印度是美国"印太战略"的关键一环，同时也是最脆弱的一环。在美国"印太战略"出台之前，印度战略界和学界就已开始热捧"印太"概念，并推动印度官方逐渐接受"印太"概念并运用到了一系列政策文件中。对于美国"印太战略"，印度的态度模棱两可，从最初的积极推动到后期的稳妥回调，从而淡化了"印太"概念对中国的针对性。③ 但是，在南海问题上，印度很早就通过多种手段介入，尤其是与越南在军事、在非法开采南海争议海域的油气资源方面多有合作。

---

① 参看法国防长在 2019 年香格里拉安全对话会议上的发言。Florence Parly, "Shangri-La Dialogue: Asia's Evolving Security Order and Its Challenges," June 1, 2019, https://www.defense-aerospace.com/articles-view/verbatim/4/203073/french-mod-on-asia's-evolving-security-order.html。
② 参见张飚:《英国南海政策的变化、动因及走向》，《现代国际关系》2019 年第 7 期，第 32 页。
③ 2017 年莫迪总理在访美期间表示，将致力于与美国建立密切伙伴关系，共同推动"印太"地区的和平与稳定。印度还在 2017 年 11 月和 2018 年 6 月两度参加美日印澳四边安全对话，表示支持建设"自由、开放、繁荣和包容的印太地区"。但是到 2018 年，印度的立场出现明显回调，在 6 月的香格里拉安全会议上，莫迪总理表示，"印度并不把印太视为一个战略，也不认为它是一个由优先成员构成的集团，或是为了谋求主导地位、针对某个国家的集团"。参见"PM Lee Hsien Loong at Joint Press Conference with Indian PM Narendra Modi," Prime Minister's Office Singapore, June 1, 2018, https://www.pmo.gov.sg/newsroom/pm-lee-hsien-loong-joint-press-conference-indian-pm-narendra-modi。

三、"印太战略"加大美国多途径介入南海问题的力度

"印太战略"的出台为美国利用多重力量、采取多样化手段塑造有利于自身的安全秩序提供了平台,美国在印太地区的军事部署、军力展现以及与盟友、伙伴关系的军事合作都是在南海附近海域展开的,南海海域成为中心"舞台",这极大地破坏了南海地区的和平与稳定,使南海问题更加复杂多变。

(一)美国加强自身在南海的实力存在

国内学者对近年来美国在对华海上安全竞争中采取的策略进行了系统梳理并指出,美国将南海作为制衡中国军事崛起的指标性海域,并采取了包括叙事战争、议题联系、民事介入、自由航行、前沿存在和军事联盟等六类"灰色地带"策略以应对中国的挑战。[①] 其中,最具代表性的是"航行自由行动",美国的"航行自由行动"从一开始就是美国维护其全球霸权战略的重要组成部分,也是美军倚仗强势海空军事力量优势保障美军对全球海空域的"自由介入"的战略性需求。美国执行"航行自由行动"依据的不是以《联合国海洋法公约》为基础的海上航行规则与秩序,而是以其自创的"国际水域"为基础、曲解公约精神

---

① "灰色地带"是指"国家间或国家与非国家行为体间介于传统战争与和平的两分法之间的竞争性互动,其特征是冲突性质模糊、参与者不透明和相关政策与法律不确定"。参见陈永:《精准修正主义与美国对华海上"灰色地带"策略》,《世界经济与政治》2019 年第 9 期,第 41—73 页。

的规则。① 根据对公开资料的统计，美军在奥巴马政府任内共进行了四次"航行自由行动"，而在特朗普执政后，2017 年美国进行了四次"航行自由行动"，2018 年美国进行了五次"航行自由行动"，其中一次派出两艘舰艇，行动范围除了西沙和南沙以外，还首次进入黄岩岛海域附近。2019 年美国进行了七次"航行自由行动"，其中四次派出两艘舰艇，并且出现连续性穿越西沙和南沙的行动。② 其行动频率、挑衅烈度明显上升，选择目标与采取的行动更为精细化，活动范围也不断扩大。尤其是从 2016 年下半年后，美国试图将"航行自由行动"与所谓"南海仲裁案"裁决挂钩，以彰显裁决的效力，在法理上加大对中国的压力。

此外，美军在南海的舰机抵近侦察、军事演习和"例行行动"次数有增无减，通过"亲力亲为"，美国试图向地区国家展示其维护以规则为基础的地区秩序的承诺，但是这同时也极大地增加了南海海域发生舰机意外冲突或摩擦的风险。

（二）整合与东盟国家的军事合作，介入南海海上摩擦与"南海行为准则"磋商

"印太战略"为美国深度整合与东盟国家的军事合作提供了新平台。除了缅甸之外，其余九个东盟国家都被纳入"印太战略"之中，并被安排在不同的合作层级中。此外，美国在将"东南亚海事安全倡

---

① 参见包毅楠：《美国"过度海洋主张"理论及实践的批判性分析》，《国际问题研究》2017 年第 5 期，第 127—128 页。

② 根据网上有关报道整理。

议"（Southeast Asia Maritime Security Initiative）更名为"印度洋—太平洋海事安全倡议"（Indo-Pacific Maritime Security Initiative）的同时，还将实施时间延长了五年（即延长至2023财年底），并把孟加拉国、斯里兰卡和印度等国纳入到倡议中，旨在加强对印太国家的海上安全能力建设的援助，对抗中国海军在西太平洋地区不断延伸的影响力。①

对于中国与南海相关国家发生的领土、领海争议，美国从最初的保持"相对中立"发展到了越来越多的主动发声与不请自来的"站台"。在所谓的"南海仲裁案"问题上，美国给予菲律宾多种"帮助"与资助，还主动提出将《美菲共同防御条约》适用范围覆盖到中菲南海争议海域。此外，对中国与菲律宾、越南、马来西亚等国之间发生的海上摩擦，美国越来越多地利用外交与军事手段，辅之以国际舆论对华施压。2020年4月，越南渔船与中国海警船发生碰撞事件后，美国国防部不顾越南船只非法闯入西沙海域并主动撞击中国海警船只的事实，一味批评中国不应借新冠疫情，在南海海域采取"欺凌"小国的行为。②同月，中国"海洋地质8号"科考船与马来西亚船只在南沙形成对峙后，美国又偕同澳大利亚以军事演习为借口，在附近海域进行监视与施压。对于这些行动，美国打的旗号都是维护本地区的自由和开放、尊重所有国家的主权安全的"印太战略"的主张。③

---

① "John S. McCain National Defense Authorization Act for Fiscal Year 2019," United States Congress, August 2018, https://www.congress.gov/115/bills/hr5515/BILLS-115hr5515enr.pdf.

② John Grady, "Veneer of China's Charm Offensive Cracked by Vietnamese Fishing Boat Incident," April 9, 2020, https://news.usni.org/2020/04/09/veneer-of-chinas-charm-offensive-cracked-by-vietnamese-fishing-boat-incident.

③ "Two U. S. warships in South China Sea amid China-Malaysia standoff," Reuters, April 21, 2020, https://www.reuters.com/article/us-china-security-malaysia/two-u-s-warships-in-south-china-sea-amid-china-malaysia-standoff-idUSKBN2230J9.

对于中国—东盟关于"南海行为准则"（下文简称"准则"）的磋商，美国从过去的多次敦促"准则"达成，转变为担心、忧虑与阻挠。这是因为中国在"准则"谈判中的主导性日益加强，美国担心按照这一态势发展，"准则"非但不能有效"约束"中国在南海的实力增长，而且还会向着符合中国海洋利益与战略目标的方向推进。美、日、澳等域外国家尤其呼吁"准则"不能损害"第三方关切"，即不能损害美西方国家在南海开展军事演习的安全利益，以及在南海进行石油开采的经济利益。在 2018 年 8 月的东亚峰会和东盟地区论坛外长会议期间，美国务卿蓬佩奥表示，"第三方关切"应成为"准则"的一部分，试图通过游说影响磋商进程。① 未来，美国会继续通过多种途径施压以影响"准则"磋商进程，而这在相当程度上需要倚仗某些东盟国家。

（三）借力盟友与伙伴关系的网络化，美国加大推动南海问题国际化的力度

从 2018 年开始，南海问题的国际化重新升温，这与美国"印太战略"有着密切关联。作为战略实施的重要途径，美国在南海问题上以"美日印澳"四边机制与七国集团为支柱，推动域外国家积极介入南海问题。

在美国的怂恿与本国战略利益需求的双重作用下，从 2017 年开始，七国集团成员国从过去集体对南海问题表达"外交关切"转向更多在南海实施军事活动。其中，英法两国的表现最为突出。英法防长多次利

---

① 闫岩：《美国对"南海行为准则"磋商进展感到焦虑》，《世界知识》2019 年第 20 期，第 34 页。

用香格里拉对话会（简称"香会"）平台对南海问题表示"关切"，英国宣称计划将军舰长期部署在新加坡，法国则宣布一年至少在南海进行两次"航行自由行动"。2018年8月，英国军舰在西沙群岛附近海域巡航，这是英军舰首次穿越西沙群岛领海；英军舰还与美日等国在南海举行多种军事演习。根据不完全统计，2017年，法国至少派遣了5艘军舰在南海航行，此外，加拿大在2018年也派遣派海军编队访问越南，与越方一起开展活动。① 未来，随着"印太"地区在全球战略地位的提升，上述域外国家回归印太、关注与干涉南海问题的态势将会继续加强。

四、应对南海新态势：地区新秩序的"中国方案"

进入21世纪10年代后，中国版本的地区秩序新方案逐渐形成。尽管中国外交，尤其是周边外交在近年来体现了"积极进取"的精神，但是"中国方案"的形成并不是一个整体设计在先、逐层落实到位的过程，而是在政治、经济、外交、安全等领域多管齐下，通过提出新理念、新思想、新方案、新倡议等，并进一步通过实践积累成型。概括而言，这一方案以构建人类命运共同体为总的指导思想，在经济领域以"一带一路"倡议为主要实践，坚持共商、共建、共享；在安全领域以新安全观为主要特征，以处理海洋事务为主要实践。"中国方案"与现有的地区机制有融合、有对接，也有竞争甚至是冲突。在一定意义上，

---

① 《加拿大海军编队访问岘港，越南再迎来一国军舰》，来源：海外网—中国南海新闻网，2018年9月27日，http://m.haiwainet.cn/middle/3542185/2018/0927/content_31405216_1.html。

美国"印太战略"的出台是对"中国方案"的应激性反应，针对中国并制衡中国的意图明确。两者的较量与博弈首先体现在南海问题上。因此，中国应对南海问题的新态势，应"跳出"南海看南海，新形势下的南海战略既是"中国方案"的有机组成部分，更要服务于"中国方案"实现的总体需求。

中国在南海问题上始终坚持"搁置争议、共同开发"，主张把南海建设成为"和平之海、友谊之海、合作之海"，主张以新安全观处理南海争端，以经济合作促进政治与安全互信，实现南海的和平与稳定。在实践中，伴随着南海岛礁建设和军事设施部署，以及对 2012 年中菲黄岩岛对峙、2014 年中越"981 事件"以及 2013—2016 年的"南海仲裁案"的妥善应对，中国显著提升了塑造与掌控南海地区安全局势的能力。在维护南海航道安全、人道主义救援、海洋科研与环保、防灾减灾等方面，中国提供公共产品的能力也在明显提升。加之依托于"一带一路"倡议、澜湄合作、中国—东盟东部增长区等机制与平台，中国不断扩大同南海周边国家的经贸合作和人文交流，区域经济发展达到新高度。中国塑造南海形势和地区安全秩序的综合实力都在显著提升。①

当前，多种因素更为凸显了南海问题的重要性、复杂性与敏感性。除了美国"印太战略"之外，本地区中小国家战略自主性的提升也值得高度关注。相当多的地区国家已经接受了"印太"概念，并试图在新的地区格局中实现本国利益最大化。他们不愿意在中美之间"选边站"，也不愿意看到一个充满对抗的地区格局，这种出发点促使他们努力提升战略自主性并试图在中美之间保持大国平衡，或是促成中美战略

---

① 吴士存：《南海形势趋稳向好的大方向会逆转吗》，《世界知识》2019 年第 2 期，第29 页。

方案在本地区的对接、共存，这就导致地区秩序重构的方向与进程具有更大的不确定性。对于中国来说，这既是挑战，也是机遇。此外，虑及全球正面临百年未有之大变局，新冠疫情的暴发更是加速了国际秩序的变革，增加了国际形势的复杂性，而周边地区是中国提供公共产品、促进双边和多边合作最有成效的区域。因此，中国应从应对中美博弈、稳定周边、构建地区新秩序出发，全面、综合实施有关南海问题的政策方略。

2019年4月23日，习近平主席在集体会见应邀出席中国人民解放军海军成立70周年多国海军活动的外方代表团团长时指出，"海洋孕育了生命、联通了世界、促进了发展。我们人类居住的这个蓝色星球，不是被海洋分割成了各个孤岛，而是被海洋连结成了命运共同体，各国人民安危与共"。① 这是中国领导人首次提出海洋命运共同体的理念，并对共同的海洋安全、共同的海洋福祉、共建海洋生态文明和共促海上互联互通等基本内涵进行了阐述。② 海洋命运共同体是人类命运共同体思想在海洋领域的具体实践，是制订南海战略，处理南海事务的指导思想。

首先，以新安全观作为维护南海安全与和平的基本原则，妥善处理中美关系、完成"南海行为准则"磋商，为构建中国版本的地区安全新秩序夯实基础。

习近平主席指出："中国坚定奉行防御性国防政策，倡导树立共同、综合、合作、可持续的新安全观……国家间要有事多商量、有事好

① 《习近平集体会见出席海军成立70周年多国海军活动外方代表团团长》，新华网，2019年4月23日，http://www.xinhuanet.com/politics/leaders/2019-04/23/c_1124404136.htm。
② 付玉：《深刻领悟海洋命运共同体的时代意义与丰富内涵》，《中国海洋报》2019年9月24日，第2版。

商量，不能动辄就诉诸武力或以武力相威胁……大家应该相互尊重、平等相待、增进互信，加强海上对话交流，深化海军务实合作，走互利共赢的海上安全之路，携手应对各类海上共同威胁和挑战，合力维护海洋和平安宁。"① 这阐明了中国以和平方式处理领土领海争端以及相关海洋权益的承诺，以合作方式维护地区安全与稳定的理念，这也是构建整个地区安全新架构的中国倡议。

关于新的地区安全格局，在 2013 年的第八届东亚峰会上李克强总理指出，建立一个符合地区实际、满足各方需要的区域安全架构势在必行。② 在 2019 年，习近平主席再次强调，中国军队始终高举合作共赢旗帜，致力于营造平等互信、公平正义、共建共享的安全格局。当前，国际规则正处在推陈出新的历史拐点，中国应抓住战略机遇，积极主动构建稳定、可持续且行之有效的规则、机制和安全架构，并持之以恒地加以推进。③ 周边作为中国外交的优先发展方向，南海问题则是中国周边最关键的安全事务之一，处理好中美在包括南海在内的西太平洋地区的海上博弈，积极推动"准则"的谈判，对于构建新型地区安全格局来说，是必需的，也是紧迫的。

与东盟磋商"准则"的先行先试，是中国与相关国家共同确立本地区安全新规则、新机制与新机构，进而构建地区安全新秩序的有益尝试。近几年，在继续落实好《南海各方行为宣言》的同时，"准则"磋商也在积极推进。2016 年 9 月中国与东南亚国家发布《中国与东盟国

---

① 《习近平集体会见出席海军成立 70 周年多国海军活动外方代表团团长》，新华网，2019 年 4 月 23 日，http://www.xinhuanet.com/politics/leaders/2019-04/23/c_1124404136.htm。

② 《李克强总理在第八届东亚峰会上的讲话》，中央政府门户网站，2013 年 10 月 11 日，http://www.gov.cn/guowuyuan/2013-10/11/content_2591020.htm。（2020 年 4 月 13 日登录）

③ 吴士存：《南海形势趋稳向好的大方向会逆转吗》，《世界知识》2019 年第 2 期，第29 页。

家应对海上紧急事态外交高官热线平台指导方针》和《中国与东盟国家关于在南海适用〈海上意外相遇规则〉的联合声明》，这是各方加强海上危机管控机制建设的积极实践。未来，中国应继续积极争取掌握磋商主导权，考虑将低敏感领域的一般性纠纷纳入"准则"争端解决机制，在危机管控机制的基础上构建南海地区安全秩序。①

其次，促进与南海相关国家的海洋经济合作，共同增进海洋福祉。

习近平主席指出，当前，以海洋为载体和纽带的市场、技术、信息、文化等合作日益紧密，中国提出共建 21 世纪海上丝绸之路倡议，就是希望促进海上互联互通和各领域务实合作，推动蓝色经济发展，推动海洋文化交融，共同增进海洋福祉。② 在实践中，继提出"一带一路"倡议后，中国在 2017 年又发布了《"一带一路"建设海上合作设想》，目的是推动建立全方位、多层次、宽领域的蓝色伙伴关系，保护和可持续利用海洋和海洋资源，实现人海和谐、共同发展。③ 近年来，中国与南海问题相关国家共同支持全球化进程与区域合作，依托于"一带一路"倡议和既有的中国—东盟经济合作机制，以及澜湄合作、中国—东盟东部增长区等次区域合作机制，在经济合作方面取得了显著成效。但是，围绕南海海域提出的、包括共同开发油气资源等合作方案，都没有取得实质性进展。这主要是受到南海主权争议的干扰。

尽管如此，通过双边和多边途径，加强与相关国家的海洋经济合作，实现互利共赢，对于促进各方的政治与安全互信，仍然具有重要意

---

① 吴士存、刘晓博：《关于构建南海地区安全合作机制的思考》，《边界与海洋研究》2018年第 1 期，第 34 页。

② 《习近平集体会见出席海军成立 70 周年多国海军活动外方代表团团长》，新华网，2019 年4 月 23 日，http://www.xinhuanet.com/politics/leaders/2019-04/23/c_1124404136.htm。

③ 《"一带一路"建设海上合作设想》，中央人民政府网站，2017 年 11 月 17 日，http://www.gov.cn/xinwen/2017-11/17/5240325/files/13f35a0e00a845a2b8c5655eb0e95df5.pdf。

义，也是破解南海困局的根本途径。按照《"一带一路"建设海上合作设想》提出的设想，中国与相关国家在海洋经济方面的合作至少包括与相关国家共建海洋产业园区和经贸合作区，引导中国涉海企业参与园区建设；实施蓝色经济合作示范项目，支持相关国家发展海水养殖，改善生活水平，减轻贫困。这一点在中菲渔业合作方面得到了很好的落实，从 2017 年开始，中国每年向菲方捐赠鱼苗、帮助菲方人员进行技术培训等。[①] 与相关国家共同规划开发海洋旅游线路，打造精品海洋旅游产品，建立旅游信息交流共享机制，等等。例如，中菲两国政府已经对加强旅游合作达成共识。[②] 菲律宾具有丰富的海洋旅游资源，近年来邮轮旅游业发展迅速。中国的邮轮、游艇等高端海上观光与度假旅游产品经济也处于起步阶段，计划开辟从中国港口出发包括菲律宾在内的东南亚新航线。[③]

最后，加强对南海非传统安全与生态环境的治理，共建海洋生态文明。

---

① 具体情况可参见中菲渔业联合委员会会议历次达成的协议。《第二次中菲渔业联委会在菲律宾马尼拉召开》，中国供销合作网，2017 年 5 月 1 日，http://www.chinacoop.gov.cn/HTML/2017/05/01/115288.html；《中菲渔业联合委员会第三次会议在北京召开》，中国农业农村部新闻办公室，2019 年 7 月 25 日，http://www.yyj.moa.gov.cn/gzdt/201907/t20190725_6321596.htm。（2020 年 4 月 30 日登录）

② 2016 年 10 月两国发表的联合声明指出，"双方认识到过去几年双向游客增长状况……同意设立旅游合作增长目标"，不过当时重点探讨的是航空服务领域可能的增长点，并且鼓励在双方多个城市间开设新航线。2018 年 11 月的双边联合声明中再次重申，双方将继续鼓励本国公民赴对方国家旅游，加强旅游基础设施开发合作，鼓励两国红空公司开通更多直航航线，参见《中华人民共和国与菲律宾共和国联合声明》，中华人民共和国外交部网站，2016 年 10 月 21 日，https://www.fmprc.gov.cn/web/gjhdq_676201/gj_676203/yz_676205/1206_676452/1207_676464/t1407676.shtml；《中华人民共和国与菲律宾共和国联合声明》，中华人民共和国外交部网站，2018 年 11 月 21 日，https://www.fmprc.gov.cn/web/gjhdq_676201/gj_676203/yz_676205/1206_676452/1207_676464/t1615198.shtml。（2020 年 4 月 30 日登录）

③ 国家海洋局海洋发展战略研究所课题组编：《中国海洋发展报告（2015）》，北京：海洋出版社 2015 年版，第 144 页。

海洋命运共同体意味着人类与海洋构成命运共同体，也意味着人类社会在应对海洋挑战方面构成命运共同体。各类非传统安全是构建海洋命运共同体的现实挑战，在南海地区更具有紧迫性，中国应在打击海盗、恐怖主义与极端主义、毒品与走私，航行安全、海上搜救、人道主义救援、防灾救灾中发挥更大作用，为地区安全提供更多公共产品，以实力为后盾担负起维护南海地区非传统安全问题的主要职责。例如，利用中国—东盟海上合作基金加强相关国家的海洋管理能力与人员培训，推进南海岛礁的民生设施建设与国际开放，为海上救援、国际科考提供后勤基地。

在海洋生态环境方面，南海地区同样面临全球气候变化的影响、海洋生物多样性衰退、海洋环境污染严重等各种挑战。中国作为全球生态文明建设的重要参与者、贡献者、引领者，应将南海的生态与经济发展融入周边与全球发展之中。中国应与东盟国家开展多样性的海洋生态环境保护合作，加强渡轮规范、环境影响评估、油气开发职责框定以及海洋生物多样性保护等，以科技为导向，以海洋要素为导向，形成一系列海洋合作协议。

俄属北极地区经济社会发展态势
与中俄北极合作新机遇[*]

白佳玉　王琳祥　李玉达[**]

俄属北极地区经济社会的发展事关俄罗斯国家安全的保障、政治局势的稳定，也关乎俄属北极地区经济的恢复和生态环境的保护，战略意义显著。俄罗斯联邦北极立法有利于俄属北极地区法律地位的明确，更助力俄罗斯发展北极的战略目标的实现。鉴于此，本文将在探究《俄罗斯北极地区发展联邦法案（草案）》[①] 出台背景的基础上，深入分析

　＊　本文为国家社科基金"新时代海洋强国建设"重大研究专项项目（课题号：18VHQ001）阶段性成果。原文发表于《东亚评论》第33辑，略有改动。

　＊＊　白佳玉，中国海洋大学法学院、中国海洋大学海洋发展研究院教授、博士生导师，海洋法研究所副所长，加拿大达尔豪斯大学法学院访问教授，研究方向为极地法律与政策、海洋法律与政策；王琳祥，河北省石家庄市井陉县纪委监委，法学硕士；李玉达，中国海洋大学法学院国际法研究生。

　①　本文对俄属北极地区经济社会发展态势与中俄北极合作新机遇阐析均是依据俄罗斯2016年8月公布的《俄罗斯北极地区发展联邦法案（草案）》官方版本。该法案尚未被批准通过，仍处于草案阶段。——作者注

俄"北极发展支柱区"① 项目建设对以北极航道为主的俄属北极交通系统、能源资源开发的积极影响，并据此探讨俄属北极地区航道建设、能源开发层面的经济潜力以及中俄北极合作的新机遇。在发展北极经济的同时，有必要对俄属北极地区未来的生态环境保护作出回应。本文也将细致考究《俄罗斯北极地区发展联邦法案（草案）》在北极生态环境保护领域确定的"零投放"原则②，并思考俄属北极地区生态环境未来的发展趋向。毋庸置疑，俄罗斯联邦立法的最终确立将为俄罗斯维护其北极权益、发展其北极地区经济社会的战略目标提供法律保障。

引言

俄属北极地区未来经济发展关乎俄罗斯国内经济的恢复与国力的增强，俄属北极地区未来生态环境安全牵涉俄罗斯的北部地区乃至国家安全，俄罗斯通过国家政策（立法）来发展其北极地区经济及生态环境保护将是必然之举。俄罗斯通过其联邦立法确立俄属北极地区法律地

---

① "北极发展支柱区"是指"规划和保障俄罗斯联邦北极地区社会经济发展的综合性项目，该项目旨在实现俄罗斯北极的战略利益和保障国家安全，并规定同时应用俄罗斯联邦现行的地区和行业发展模式和投资方案的实施机制，包括国家—私人伙伴关系原则"。Статья 3. Основные понятия, используемые в настоящем Федеральном законе из общий, из "Федеральный законО развитии Арктической зоны Российской Федерации"。

② 根据《俄罗斯北极地区发展联邦法案（草案）》，"零投放"原则是指在建立、使用、利用和清理人工岛、设备和设施，以及在进行地质研究、勘测和开采矿物资源钻探工作时，不允许有害物质进入海域。Статья 3. Основные понятия, используемые в настоящем Федеральном законе из общий из "Федеральный законО развитии Арктической зоны Российской Федерации": «Нулевой сброс»-недопущение поступления в морскую среду вредных веществ при создании, эксплуатации, использовании и ликвидации искусственных островов, установок и сооружений, а также при проведении буровых работ при геологическом изучении, разведке и добыче минеральных ресурсов.

位，有利于维持俄在其北极地区的管控地位并进而维护俄北极权益。俄罗斯境内外紧张局势在一定程度上成为俄罗斯联邦加速立法的催化剂，该联邦法案（草案）内容的最终确立在俄罗斯发展其北极地区社会经济的未来态势下有其必然性，其战略意义愈加凸显。

（一）管控俄北极活动、保障俄北极既存及潜在权益的法律依据

全球气候变暖加速北极冰川消融，客观上，北极地区已经成为关系周边国家未来发展的关键地带。俄属北极地区是保障俄罗斯社会经济发展的战略资源基地，亟待开发的石油、天然气能源以及提上开发日程的北方海航道利用等都对俄罗斯提出了挑战。① 俄属北极地区对俄罗斯有着重要的资源、经济、安全、环境等战略意义，但在新的发展机遇期，防御与提高应对潜在未知风险的能力以及保障其俄属北极地区的主导地位成为俄罗斯面临的巨大挑战。在俄前期制定相关战略规划的基础上，出台一部综合性立法，进一步完善俄罗斯北极地区的法律地位，并从法律上保障其北极陆地疆域和北冰洋海域的社会经济发展，则成为未来俄罗斯在北极发展的最佳选择。

首先，俄属北极地区陆地和海域的构成、名称及其边界曾在相当长一段时间内处于空白，俄罗斯未在其国内立法中进行明确界定。② 俄属北极地区是北极圈国家中人口最多的地区，但自沙俄时代始，经苏联时期，直至俄罗斯联邦成立以后的相当长一段时间里，俄罗斯国内从未出

---

① Основы государственной политики Российской Федерации в Арктике на период до 2020 года и дальнейшуюперспективу, http: / /www. scrf. gov. ru /documents /98. html.

② Федеральный закон О развитии Арктической зоны Российской Федерации. http: //gosplan. org/2016/08/04 /proekt-zakona-o-razvitii-arkticheskoy-zonyi/.

台过一部基本法，对俄属北极地区的陆地和海域的构成、名称及其边界在法律上予以明确。进入 21 世纪后，伴随着全球变暖加剧，北极海冰融化加速，北极问题受到国际社会的密切关注，俄罗斯国内要求制定联邦北极地区法律的呼声也因之日益高涨。2014 年 5 月，俄罗斯联邦政府颁布了《关于俄罗斯联邦北极地区陆地领土总统令》，首次明确了俄罗斯北极地区的具体疆域，包括摩尔曼斯克州、涅涅茨自治区、楚科奇自治区和亚马尔—涅涅茨自治区的全部疆域；科米共和国、萨哈共和国（雅库特）、克拉斯诺亚尔斯克边疆区和阿尔汉格尔斯克州的部分地区。[①] 此外，总统令还明确规定，俄罗斯北极地区包括苏联中央执行委员会主席团于 1926 年 4 月 15 日通过的《关于在苏联北冰洋的土地和岛屿领土公告》和苏联其他文件中所确定的位于北冰洋的土地和岛屿，以及根据国际法，俄罗斯拥有主权和管辖权的毗邻上述领土、土地和岛屿的内海水域、领海、专属经济区和大陆架。而《俄罗斯北极地区发展联邦法案（草案）》则是在前述总统令大致确定构成区域的基础上，对俄属北极地区海域和领土的具体构成、名称以及边界进一步明确细化。

其次，在俄罗斯联邦国内法中明确俄属北极地区法律地位有助于俄罗斯最大限度地维护其北极权益，也将对俄保护并发展俄属北极地区具有重要的战略意义。一方面，俄罗斯联邦立法对其北极地区具体构成、名称、边界等进行界定，从国家层面为俄罗斯提供了管理和控制其北极地区范围内活动的法律依据，有利于维护其在俄属北极地区领土和海域

---

① Указ Президента РФ от 2 мая 2014г. № 296, О сухопутных территориях Арктической зоны Российской Федерации [EB/OL]. http://www.garant.ru/products/ipo/ prime/doc/ 70547984 /#ixzz3b4 Y8idDU.

的主权、主权权利和司法管辖权；另一方面，从国家立法层面明确俄属北极地区具体范围，有利于减少或避免相关领土及海洋划界争议，并在具体条款中使用"发现的和未来可能发现的"表述对领土范围进行界定，为北极潜在权益的享有留有余地和立法依据。① 《俄罗斯北极地区发展联邦法案（草案）》通过单项规定赋予联邦政府权力，即联邦政府有权制定划入其北极地区陆地领土范围的区域，最大限度地维护了俄罗斯北极权益，符合俄罗斯的国家利益。② 同时，也为其他北极国家乃至国际社会范围内制定和实施北极地区相关治理规则提供借鉴。

最后，《俄罗斯北极地区发展联邦法案（草案）》对俄属北极地区的法律地位做出了明确界定，在迫切需要法律规则规制的新情势下，顺应了俄发展北极并保持其主导地位的战略目标，也及时回应了俄罗斯国内要求制定联邦北极地区法律的高涨呼声。该草案明确规定俄罗斯在俄属北极地区享有主权、主权权利和司法管辖权，而有关俄属北极地区的构成、名称及其边界在《俄罗斯北极地区发展联邦法案（草案）》总则部分第二款进行了细致规定，并在总则第一款将俄属北极地区相关活动产生的相互关系归于俄罗斯联邦调整的对象范围内，明确俄罗斯联邦北极政策实施的相关主体，以此保证俄属北极地区的相关活动都在俄罗

---

① общий, второй абзац из "Федеральный законО развитии Арктической зоны Российской Федерации".

② общий, второй абзац из "Федеральный законО развитии Арктической зоны Российской Федерации". В целях подготовки предложений по определению состава сухопутных территорий, входящих в состав Арктической зоны, Правительство Российской Федерации вправе утверждать критерии отнесения сухопутных территорий к Арктической зоне.

斯可以管控的范围，保护并促进俄属北极地区的发展。[①]

（二）俄属北极地区经济社会发展目标的要求

北极地区蕴藏着极为丰富的石油、天然气等能源以及矿藏资源和种类多样的鱼类资源，有着巨大的勘探和开发潜力，能够为北极国家带来可观的经济利益。俄罗斯北极大陆架蕴藏的油气资源总量约占其大陆架油气资源总量的 87.5%，有待开发的矿产资源、鱼类资源更是储量可观，是俄罗斯国内经济的重要来源，关系着俄罗斯国内社会经济的发展，也是在此意义上，俄属北极地区成为俄罗斯战略资源基地。此外，随着北极海冰消融，北方海航道的开发建设也愈加急迫，未来北方海航道的全面通航利用将可能实现，北方海航道相较于传统航线，有着有效缩短航线航程、通航时间长、航运成本低以及较为安全的航运环境等优势，能够为俄罗斯带来巨大的商业价值，并有望成为北极地区联通欧洲、亚洲、美洲等地区开展海上商贸航运的主航线。由此，北方海航道为俄罗斯带来的潜在商业价值、经济利益同样不可小觑。俄罗斯政府在其于 2015 年颁布的新版官方政策文件《海洋学说》中指出，俄罗斯将会重点增强其在北冰洋大陆架及专属经济区范围内勘探开发自然资源的能力，并为油气资源开采主体以及船舶运输主体提供尽可能的便利。并

---

① общий, из "Федеральный законО развитии Арктической зоны Российской Федерации". Настоящий Федеральный закон регулирует отношения между различными субъектами права, складывающиеся в процессе реализации основных целей и направлений государственной политики Российской Федерации на территории Арктической зоны Российской Федерации, направленной на создание условий для комплексного социально-экономического развития Арктической зоны Российской Федерации.

强调俄罗斯将愿意同其他关切北极自然生态环境的国家开展合作，为北方海航线未来通航提供导航服务，提升水文信息处理能力，加快搜救系统开发建立等。这是俄罗斯政府层面意欲促进俄属北极地区经济社会发展的目标体现。

《俄罗斯北极地区发展联邦法案（草案）》是俄罗斯联邦实现其发展北极地区经济、促进俄属北极地区社会发展目标的必然结果。该草案在总则中即明确指出，本联邦法是调整俄罗斯各权利主体在北极地区为实现"俄罗斯北极地区社会经济综合发展创造条件"的国家政策目标而形成的相互关系。[①] 此外，该法通过国家政策、战略规划、权利赋予、明晰权责、建立北极发展支柱区等多方面内容的规定，保障俄属北极地区社会经济发展的顺利推进。就草案本身而言，该法文本中有多达五处用到"社会经济发展"，如此高频强调，足以窥见该法制定的目标意义所在。国家立法层面的支持是对一国社会经济发展的最有力保障，《俄罗斯北极地区发展联邦法案（草案）》是俄罗斯联邦发展俄属北极地区社会经济目标下做出的战略选择，将深刻影响俄罗斯联邦北极地区未来社会经济的发展进程。

（三）俄罗斯境内外紧张局势的推动

俄罗斯制定《俄罗斯北极地区发展联邦法案（草案）》不仅是基

---

① общий, из "Федеральный законО развитии Арктической зоны Российской Федерации": Настоящий Федеральный закон регулирует отношения между различными субъектами права, складывающиеся в процессе реализации основных целей и направлений государственной политики Российской Федерации на территории Арктической зоны Российской Федерации, направленной на создание условий для комплексного социально-экономического развития Арктической зоны Российской Федерации.

于促进俄罗斯联邦北极地区经济社会的发展和明确俄属北极地区法律地位两个因素的考虑，更是俄罗斯对外面对美欧国际制裁和西方战略挤压、内则面对经济疲软和北极海域开发战略受阻等问题下做出的战略性考量。且俄罗斯联邦境内外紧张局势对前两个因素的形成起到了一定的推动作用，与前两者因素之间存在着紧密联系的内在逻辑关系。

就俄外部局势而言，自 2014 年 3 月始，美国和欧盟便对俄罗斯实施了涉及能源、经济、金融、国防等多个领域的国际制裁，随着不断加大的制裁力度，对俄国内经济形成了较强冲击，也损害到俄罗斯联邦对其北极地区权益的维护。此外，美欧制裁也在一定程度上影响到俄罗斯北部疆域的安全，促使俄罗斯提升对其北部疆域安全的防御能力，并可能转向寻求军事强制手段以保护俄罗斯在北极的国家权益，这将不可避免地导致北极出现区域性军备竞赛乃至军事冲突。而国家立法层面的支持作为明确俄属北极地区法律地位和组成部分的有力举措，也将为俄罗斯提升其北部防御能力以及促进俄罗斯联邦北极地区发展奠定法律基础，将发展并维护北极权益上升至俄罗斯国家立法层面，利用政策、法律手段切实予以保障是俄罗斯联邦基于国际情势做出的战略选择。此外，俄罗斯所处不利的地缘政治格局也促使俄罗斯联邦积极发展以能源资源为重点的俄属北极地区社会经济，从而推动俄罗斯联邦立法的进程。由此，《俄罗斯北极地区发展联邦法案（草案）》在俄罗斯面临紧张国际局势的不利局面下制定，以国家安全为主的战略意义凸显。

就俄内部情势而言，因美欧对俄制裁造成的俄罗斯国内经济疲软以及俄罗斯北极海域开发战略受阻是促成《俄罗斯北极地区发展联邦法案（草案）》制定的重要国内因素。俄罗斯作为能源产量大国，石油、天然气等能源开采是其重要的经济收入来源，而美欧经济制裁对俄罗斯北极地区油气开发项目造成消极影响，从而影响到俄罗斯开发北极海域的项目进展，加之国际油价下调的原因，大量国际石油公司决定退出俄罗斯北极海域油气资源开发项目，对俄罗斯国内经济形成了较大冲击，俄罗斯恢复其国内经济、促进北极地区社会发展势不容缓，北极发展战略关乎俄罗斯国内经济的稳定，更关涉俄罗斯的未来。更好开发利用俄罗斯联邦北极地区油气、矿产等能源资源，振兴俄罗斯国内经济，减轻美欧制裁对其产生的不利影响，维护其北极利益，制定并出台一部北极地区联邦法势在必行，《俄罗斯北极地区发展联邦法案（草案）》以促进俄罗斯联邦北极地区社会经济发展为重点目标，彰显了俄罗斯在其经济发展受阻的情势下维护俄罗斯北极经济利益的态度和决心，以俄罗斯联邦北极地区社会经济发展为主的战略意义凸显。

一、以发展交通系统、开发利用能源资源为重点的俄"北极发展支柱区"经济态势

"北极发展支柱区"项目建设是俄罗斯促进其北极地区经济发展的重要战略性举措。俄属北极地区交通系统、能源开发领域的重点建设，能够在未来有效地激发俄属北极地区经济潜力，并在此基础上推动俄罗斯北极航道的开发利用并维护其能源大国地位。阶段化有序推进的支柱区建设必将推动俄属北极地区经济的实效发展。

（一）法案有关俄"北极发展支柱区"经济立法的具体内容

根据《俄罗斯北极地区发展联邦法案（草案）》，建立"北极发展支柱区"是俄罗斯联邦政府用以促进俄罗斯联邦北极地区社会经济发展的主要方式。[①]"北极发展支柱区"项目旨在实现俄罗斯北极的战略利益和保障国家安全，并规定同时应用俄罗斯联邦现行的地区和行业发展模式和投资方案的实施机制，包括国家—私人伙伴关系原则。[②]"北极发展支柱区"作为关乎俄罗斯联邦北极社会经济发展的综合性项目，从其建立到切实发挥作用都有该立法的明确保障。

（二）以北极航道为重点建设的俄属北极运输系统的发展

根据《俄罗斯北极地区发展联邦法案（草案）》，"北极运输系统"是指全年运营的国家运输系统，包括"北方海航道"及其海河船队、航空、管道、铁路和公路运输系统，以及保障北极地区运输的沿岸基础设施。[③]而完善的"北极运输系统"则是保障俄罗斯联邦北极地区国家安全、俄属北极地区能源资源开采以及"北方海航道"通航利用

---

① Статья 15. Формирование и прекращение существования опорных зон развития в Арктике из Глава 3. ГОСУДАРСТВЕННОЕ РЕГУЛИРОВАНИЕ В ОБЛАСТИ ЭКОНОМИЧЕСКОГО РАЗВИТИЯ В АРКТИЧЕСКОЙ ЗОНЕ РОССИЙСКОЙ ФЕДЕРАЦИИ из " Федеральный законО развитии Арктической зоны Российской Федерации".

② Статья 3. Основные понятия, используемые в настоящем Федеральном законе из общий, из"Федеральный законО развитии Арктической зоны Российской Федерации".

③ Статья 3. Основные понятия, используемые в настоящем Федеральном законе из общий из"Федеральный законО развитии Арктической зоны Российской Федерации".

的关键所在。2017 年 5 月，俄罗斯在其公布的《2030 年前俄罗斯联邦经济安全战略》中即明确指出，俄罗斯将会把北方海航道和北极地区作为俄罗斯未来经济发展的优先方向，并将积极吸引各方投资，扩大与其他国家的国际合作，全力支持北方海航道的开发建设。①

"北方海航道"作为俄"北极运输系统"的主干线，其未来的全面通航利用对俄罗斯有着重要的经济战略意义。"北方海航道"的开发建设，可追溯至苏联时期，"北方海航道"不仅是连接俄罗斯东西部地区发展的重要走廊，更是俄罗斯北部地区和西伯利亚地区的"生命运输线"，当政政府曾因此对相关海域的航运经营实施垄断。但"北方海航道"的开发利用一直存在诸多掣肘因素，未得到真正全面开发利用。随着全球气候变暖，北极海冰消融速度加快，"北方海航道"开发利用的现实可能性增大。据估计，北极航道每年的适航期已达到五个月之久。由于受到石油价格下跌、全球经济低迷、美欧经济制裁等因素的影响，自 2014 年开始，"北方海航道"过境货物通行量严重减少，延缓了"北方海航道"的开发建设进程。

俄罗斯政府深刻认识到"北方海航道"对其国内经济及安全的重要意义，并通过积极建造航行破冰船，提高"北方海航道"的通航能力。随着"北方海航道"通航能力的提高，俄罗斯北极运输系统也将会产生重大变化，并深刻影响俄属北极地区未来社会经济的发展。

---

① Стратегия экономической безопасности Российской Федерации на период до 2030 года. http://gosplan.org/wp-content/uploads/2017/05/Strategiya-ekonomicheskoy-bezopasnosti-2030.pdf.

（三）以能源资源开发为重点领域的俄属北极经济潜力

《俄罗斯北极地区发展联邦法案（草案）》将发展能源基础设施列入"北极发展支柱区"项目建设的"优先项目清单"，表明俄属北极地区能源资源的勘探开发同"北方海航道"建设，都对俄罗斯北极地区社会经济的发展具有举足轻重的战略意义。北极地区蕴藏着极为丰富的油气、矿产等资源能源，而近年来随着北极海冰的逐渐消融，开采蕴藏于北冰洋海底的资源能源的时机日益成熟。

俄罗斯联邦北极地区所拥有的油气资源约占到北极油气资源总量的58%，仅西伯利亚西部大陆架所蕴藏的油气资源总量便占到北极地区油气资源总量的32%，俄罗斯联邦北极其他地区则占北极地区油气资源总量的26%。[1] 俄罗斯北极大陆架、专属经济区蕴藏着丰富的油气资源，且其位于北极地区的大陆架面积约占俄罗斯大陆架总面积的70%左右，仅俄罗斯北极地区尚待开采的油气资源总量约占世界油气资源总量的20%左右。[2] 油气产业是俄罗斯国内经济发展的重要支柱性产业，依靠油气资源产业获得的经济收入能够占到俄罗斯财政收入的一半左右。[3] 因此，俄罗斯经济对油气资源有着严重的依赖。

但随着俄罗斯传统油气资源储量的日益枯竭，尤其是俄罗斯西西伯利亚油区资源储量的逐年下降，俄罗斯逐渐调整其能源战略方向，重新

---

① 王淑玲、姜重昕、金玺：《北极的战略意义及油气资源开发》，《中国矿业》2018年第1期，第20—26、39页。
② 海文：《俄在北极大陆架发现新油田》，《中国海洋报》2017年7月4日，第4版。
③ Gurbanova Natalia：《论俄罗斯北极油气资源开发对俄罗斯经济的积极影响》，《经济视角》2017年第3期，第101—108页。

探寻油气资源勘探开发的替代区域，重点为俄罗斯北方及其北极海域大陆架所蕴藏的油气资源。2017 年 8 月 31 日，俄罗斯总理梅德韦杰夫曾在俄内阁会议上明确表示，2025 年前，俄罗斯政府将为俄北极大陆架区域开发以及推动俄属北极地区社会经济发展提供超 1600 亿卢布，约合 27.5 亿美元的资金支持。① 由此，《俄罗斯北极地区发展联邦法案（草案）》的制定有着恰合时宜的经济战略意义，可以更好地利用油气资源开发这个经济引擎，带动俄罗斯北极地区社会经济的发展，充分发挥以能源资源开发为重点领域的俄属北极经济潜力。

（四）阶段化有序推进的俄属北极地区经济发展的未来态势

《俄罗斯北极地区发展联邦法案（草案）》针对"北极发展支柱区"项目建设规定分为规划、目标设定、财政拨款和实施四个阶段，分阶段地逐步推进北极支柱区建设，以促进俄属北极地区社会经济的有序发展。② 阶段化有序推进的"北极发展支柱区"建设将主要从"俄罗斯联邦北极地区国家政策""国际双边和多边合作"以及"俄外交政策转变"三个方面体现俄属北极地区未来社会经济发展的良好态势。

1. 注重发挥立法手段在北极发展综合性行动中的关键作用

根据《俄罗斯北极地区发展联邦法案（草案）》，"俄罗斯联邦北

---

① 李慧：《俄罗斯拟为北极石油开发筹资》，《中国能源报》2017 年 9 月 4 日，第 7 版。

② Второй пункт из Статья 15. Формирование и прекращение существования опорных зон развития в Арктике из Глава 3. ГОСУДАРСТВЕННОЕ РЕГУЛИРОВАНИЕ В ОБЛАСТИ ЭКОНОМИЧЕСКОГО РАЗВИТИЯ В АРКТИЧЕСКОЙ ЗОНЕ РОССИЙСКОЙ ФЕДЕРАЦИИ из "Федеральный законО развитии Арктической зоны Российской Федерации".

极地区国家政策"是指基于北极地区的地理位置和对俄罗斯联邦地缘政治利益的意义，俄罗斯联邦国家权力机关目标明确的综合性行动，包括法律、经济、行政和其他有影响的方法，旨在保障北极地区社会经济综合发展的制度、组织和法规条件。①"俄罗斯联邦北极地区国家政策"与阶段化有序推进的"北极发展支柱区"项目建设有着辅车相依的内在逻辑联系，前者决定着后者的进展方向，后者影响着前者的变更调整，有着相互影响作用的紧密联系。

2. 国际双边和多边合作将在俄北极社会经济发展中扮演更重要角色

俄属北极地区蕴藏有丰富的油气、矿藏等能源资源，但囿于多种因素影响，勘探开发进程缓慢，进而需要寻求与其他国家在技术、资金、设备等多方面的国际双边和多边合作，来加快俄属北极地区社会经济的发展进程，维护俄罗斯在北极地区的国家利益。除此之外，俄罗斯欲减轻美欧制裁对其北极地区社会经济发展所造成的不利影响以及维护俄罗斯北极地区国家安全、应对北极发展新形势下保护北极地区生态环境平衡的挑战，开展同其他国家间的国际双边和多边合作乃其必然选择。同时，各相关方着眼于共同利益开展不同领域的国际合作，也是缓和北极地区国际关系的一种有效方法。

2017年3月30日，俄罗斯总统普京曾在第四届国际北极论坛上明确表示，俄罗斯对就北极地区事项开展合作持将积极开放的态度，并愿意为有利于北极发展的国际合作提供一切便利条件，并表示所有国家都有参与北极行动的权利。俄罗斯在其《关于俄罗斯联邦北极地区陆地

---

① Статья 3. Основные понятия, используемые в настоящем Федеральном законе из общий из"Федеральный законО развитии Арктической зоны Российской Федерации".

领土总统令》《2020 年前及更远的未来俄罗斯联邦在北极的国家政策原则》等相关政策文件中，均提到要扩大在北极地区开发自然资源的国际合作力度。

3. 趋于缓和的俄外交政策为俄北极社会经济发展创造有利环境

北极地区虽拥有着储量可观的能源资源，但北极极其脆弱的自然生态环境决定了北极地区只能采取和平的开发方式，一切武力冲突都将会给北极地区造成难以恢复的生态灾难，也将严重阻碍北极地区的社会经济发展。北极国家间的领土争端和海洋划界争议以及资源争夺是其在北极地区的冲突焦点。随着北极国家间对北极环境的正确认识和国际合作成为国际社会主流的国际趋势，北极国家间已达成和平开发利用北极以及运用外交、法律和政治手段和平解决北极地区国家间争议的共识。以北极理事会为代表性的北极合作协商机制即是在北极国家共同努力下的北极外交政策转变的结果。面对亟待发展北极地区的国内需求和紧张的国际形势，俄罗斯的外交政策也趋于缓和，最早在解决与挪威关于巴伦支海的划界争议时，在经过长达 40 年的谈判协商的基础上，充分运用外交手段，并最终在 2010 年就巴伦支海签署划界协议，从而使得存在多年的争议获得解决。

俄罗斯对其他国家参与北极资源开发及北极治理持开放态度，并积极开展同其他国家的涉北极事项的国际合作，则是俄罗斯外交政策转变的另一显著表现。无论是在北极资源开采、航道的开发利用，还是在促进北极地区社会经济发展方面，俄罗斯都需要借助其他国家在资金、技术、设备等方面的援助，这便决定了俄罗斯转变外交政策积极谋求同其他国家合作的必然性。纵观俄近几年在外交层面同其他国家开展的北极合作不难发现，俄趋于缓和的外交政策为其北极地区社会经济的发展创造了有利的国际国内环境。

二、以"零投放"原则为核心标准的俄北极生态保护态势

"零投放"原则是俄罗斯北极生态保护立法的开创性体现，是对北极地区生产经营者及其他主体提出的较高标准，为其他北极国家设立环境标准做出了示范性做法。俄罗斯联邦赋予其北极国家机关执行北极生态保护立法的权限，为俄罗斯联邦立法的落实提供了保障。同时，"零投放"原则也会对未来北极地区经济发展产生一定影响，但高标准、重惩罚、严执行将是俄属北极地区生态社会发展的未来趋向。

（一）"零投放"原则的确立缘由和生态保护立法的具体内容

"零投放"原则是在考虑北极地区较为脆弱的自然生态环境和较为极端的自然气候条件的基础上确立的一项生态保护原则。这一原则的确立是为规范在北极地区进行的资源勘探开发等其他活动，避免对北极生态环境造成严重的破坏，从而维护北极地区的可持续发展。

俄属北极地区生态保护立法是以"零投放"原则为核心标准，贯彻国家严格管理的方式进行北极地区生态环境保护，以实现"俄罗斯联邦北极地区的发展"，即实现北极地区合理、持续、合法的变化过程。而这一变化过程的特点则是使北极地区的社会发展，经济，自然资源利用和环境保护，以及国际合作等其他领域过渡到全新和完善的状

态。据此，生态环境立法是俄属北极地区发展的重要一环，对俄属北极地区的未来发展至关重要。[①]

（二）"零投放"原则对俄属北极地区经济发展的影响

"零投放"原则是针对俄属北极地区生态环境保护提出的一项较高标准的环境保护要求，但却深刻影响着俄属北极地区的经济发展。"零投放"原则对俄属北极地区生产经营者的生产作业积极性、域外主体参与北极开发的吸引力以及对国际双边和多边合作在北极地区的开展等方面都会产生一定的影响。

1. 俄属北极地区生产经营者生产作业积极性

"零投放"原则对俄罗斯联邦北极地区生产经营者生产作业的高标准，在一定程度上会打击生产经营者的积极性，阻碍俄属北极地区的经济发展。但这种经济不利影响的发生只是暂时性的，长远来看，"零投放"原则是符合俄属北极地区经济长期可持续发展目标的。

生产经营者以及资源勘探开发者在迫于"零投放"原则的高要求下，会转向寻求生产作业技术的创新与提高，以降低生产作业成本，维护其经济收益的稳定性，从而促进俄属北极地区经济的长期发展。另

[①] Статья 3. Основные понятия, используемые в настоящем Федеральном законе из общий из " Федеральный законО развитии Арктической зоны Российской Федерации ": « Развитие Арктической зоны Российской Федерации» - процесс целесообразных, непрерывных, направленных закономерных изменений во времени, характеризующихся переходом Арктической зоны в качественно новое, более совершенное состояние в сфере социального развития, экономики, природопользования и защиты окружающей среды, международного сотрудничества, иных видов деятельности на территории Арктической зоны.

外，"零投放"原则的设立会使得部分高污染、高投入、缺乏创新技术的生产作业者被迫离开该片区域，保留部分竞争力较强、技术先进的生产经营者，一定程度上避免了趋利的生产经营者及资源开采者过分涌入该片区域进行过度开采，对北极脆弱的生态环境造成不可恢复的永久性损害。北极地区经济的长期发展离不开该区域生态环境的良好状态，在此意义上，"零投放"原则的确立有利于俄属北极地区经济的长期可持续发展。

2. 域外主体参与北极开发的吸引力

北极地区蕴藏量丰富的能源资源以及航道航运利益对北极域内外主体都有着较强的吸引力，尤其是北极域外国家，更是希望能够参与到北极开发的过程中，谋求相应的北极权益。而俄罗斯联邦立法所设定的"零投放"原则无疑是对进入其北极地区进行生产作业和资源开采的主体更为严格的限制，如果相关主体无法达到这一"门槛"，便无法进入俄属北极地区开展相关作业活动。但笔者认为，俄罗斯联邦立法设定这一高门槛，实则只是基于北极地区极为脆弱的自然生态环境而意欲保护俄属北极地区生态平衡与环境的可持续发展。由前文可知，俄罗斯对以中国为代表的域外国家参与北极开发持积极地开放态度，因而该"零投放"原则并不是俄罗斯对待参与国家的要求，而是针对可能对俄属北极地区生态环境造成一定不利影响的任何主体而言。事实上，"零投放"原则的确立，也并不会削减北极开发对域外主体的吸引力；相反，该原则的设定会吸引更多有能力、有资金、有技术的，并对北极生态环境关切的域外主体参与到北极地区的可持续开发当中，进而带动俄属北极地区经济的长远发展。

3. 在俄属北极地区开展的国际双边和多边合作

囿于俄罗斯国内经济疲软和受困于欧美国际制裁的形势下，俄罗斯发展其北极地区需要积极开展同其他国家或地区的国际双边和多边合作，以为其北极地区社会经济发展提供资金、设备、技术等层面的支持。"零投放"原则虽对其合作主体在北极地区进行经济或其他活动设定了限制，但却并不会因此阻碍更多域内外国家愿同俄就北极开发展开合作。"零投放"原则符合北极地区生态环境的要求，更是在维护俄北极权益的基础上对"人类命运共同体"理念的践行，符合全人类的共同利益。"零投放"原则的认可与遵行更是反映了一国对北极乃至全球环境的责任担当，因而会赢得大多数国家的赞成和接受，并会因而吸引更多域内外主体就北极开发开展同俄罗斯之间的国际双边和多边合作，在维护全人类共同的北极生态权益的同时，使各自的北极权益得以保障。而在北极地区开展的针对北极开发事项的国际双边和多边合作都将在一定程度上促进俄属北极地区社会经济发展。

（三）高标准、重惩罚、严执行的俄属北极地区生态社会发展的未来趋向

对资源能源储量丰富的北极地区而言，资源开采所带来的经济效益而促成的北极地区经济发展犹如"引擎推动力"，而保护北极地区极其脆弱的生态环境所带来的生态效益而促成的北极地区生态社会发展则为"引擎持久力"，实现北极地区社会经济环境的可持续发展则需要"北极发展引擎"持续长久地推动前进。而"自然资源利用、自然和生态

保护"则是北极地区社会经济综合发展的重中之重，只有以"生态环境保护"为重点的"北极发展引擎"才能促使北极地区的综合"发展"满足合理、持续、合法的变化过程，最终实现北极地区的社会发展，经济，自然资源利用和环境保护，以及国际合作等其他领域过渡到到全新和完善的状态。根据《俄罗斯北极地区发展联邦法案（草案）》及前文阐析，我们可以发现，高标准、重惩罚、严执行将成为俄属北极地区生态社会发展的未来趋向，保护俄属北极地区的生态社会良好发展将势在必行。

一方面，确立生态环境保护的"高标准"是俄属北极地区生态环境脆弱、难恢复特点下的必然要求。储量丰富的能源资源使得北极地区渐成为世界上的"热点地区"，对该区域的资源勘探、航道开发以及科学探索从未停止且已有愈演愈烈之势，但北极地区生态系统具有高度的脆弱性，且该地区生态系统遭破坏后恢复具有长久性，正因为开发热度与其承受能力存在着近似"反比"的关系，制定较高标准的限制对北极地区的生态环境保护才显得格外重要。前文提及的"零投放"原则的确立，许可证的较短有效期以及专门的环保标准等都是俄罗斯联邦对其北极地区经济或其他活动设定的"高标准"，旨在保护俄属北极地区脆弱的生态环境。此外，随着全球气候变暖加剧，北极开发愈加热烈，对北极生态环境的保护更是刻不容缓，在北极地区开展经济及资源勘探开采等其他活动必将受到越来越多的"高标准"的制约。

另一方面，"重惩罚"既是对违反"高标准"的惩戒，也是对环境造成损害后的补救措施，更是保护北极地区生态环境的事后保障。单纯依靠制定"高标准"的特别准则和生态要求并不能有效地对进入北极地区的生产经营者和资源勘探开发者等活动主体的行为进行规范，还需要一套严格的惩罚措施对违反相关准则的主体进行必要的惩罚以及对造成的环境损害进行及时的补救，且较为严格地惩罚措施可以起到一定的警示作用，有助于维持该区域的规则约束力。根据《俄罗斯北极地区发展联邦法案（草案）》，北极地区的经营者必须全额赔偿因其活动破坏环境导致的损失，包括环境污染，土壤贫瘠、损坏、毁坏，自然资源的不合理使用，自然生态系统功能递减和遭破坏。[①] "全额赔偿"即是对环境损害主体的较为严厉的惩罚措施。此外，根据俄罗斯联邦法的要求，如果经营者的支柱区项目对环境造成了消极影响，则该经营者需要研究、制定和执行生态生产检查计划，并且要定期记录和保存生态生产检查的结果。这些措施虽为事后措施，但是却必不可少，且对北极地区生态环境的长期稳定起到了关键的威慑示范作用。

此外，"高标准""重惩罚"的实际落实和作用地有效发挥离不开相关执法主体的执法体制保障，以俄罗斯联邦自然资源和生态部[②]等其他俄罗斯联邦政府部门为主的执法主体为俄属北极地区生态环境的保护起到了坚实地执法保障作用。"高标准""重惩罚"的立法规则只有在得到相关执法主体切实有效地执行，俄罗斯联邦立法的宗旨目标才能真正实现，才能真正实现保护俄属北极地区生态环境的现实意义。而俄罗斯联邦立法赋予这些执法主体的执法权力更是保障其履行职责的必要举措，相关执法主体的执法权责在本节第二部分已有详细阐述，在此便不再赘述。执法体制保障将是未来俄罗斯保护其北极地区脆弱的生态环境

① Статья 20. Природопользование, природоохранная и экологическая деятельность в Арктической зоне из Глава 4. ГОСУДАРСТВЕННОЕ РЕГУЛИРОВАНИЕ В ОБЛАСТИ ПРИРОДОПОЛЬЗОВАНИЯ, ПРИРОДООХРАННОЙ И ЭКОЛОГИЧЕСКОЙ ДЕЯТЕЛЬНОСТИ В АРКТИЧЕСКОЙ ЗОНЕ РОССИЙСКОЙ ФЕДЕРАЦИИ из " Федеральный законО развитии Арктической зоны Российской Федерации".

② Министерство природных ресурсов и экологии Российской Федерации.

的必然之举，并将同"高标准""重惩罚"等特征共同成为未来俄属北极地区生态保护立法的必然趋向。

三、中国参与俄属北极地区经济社会发展的机遇

《俄罗斯北极地区发展联邦法案（草案）》相关进程显露出的俄罗斯发展其北极地区社会经济的战略目标，将为中国参与北极开发以及北极治理提供切合时宜的战略机遇期。中国将利用自身实力以经济、能源开发等领域为切入点，在促进俄属北极地区社会经济发展的同时，维护自身北极权益。同时，中国也将继续倡导和坚持"人类命运共同体"理念，并借助俄罗斯生态保护的举措，推动更多北极域外国家参与到北极治理的进程中。

（一）增强中俄两国政治互信，奠定双边大国关系政治基础

2019 年 6 月 5 日，中俄元首决定将两国关系提升为"新时代中俄全面战略协作伙伴关系"，这是中俄关系保持健康稳定发展的重要表征。中俄双方在共同的努力下双边合作日渐增多，并涉及经济、政治、文化多领域多层次，而中俄北极合作更是中俄双边合作的重要组成部分，亦是中俄双边大国关系建设的重中之重。新时代中俄全面战略协作伙伴关系为两国北极合作提供了良好的政治基础。建立在互利共赢、高度互信基础上的新时代中俄全面战略协作伙伴关系，是两国开展北极双边合作的重要基石。中俄北极合作的顺利进行离不开两国国内政策环境

的支持。仍处于草案讨论阶段的《俄罗斯北极地区发展联邦法案（草案）》是俄罗斯在国家立法层面的一项具有重大意义的战略性举措，旨在促进俄属北极地区社会经济的综合发展，该联邦立法草案明确了同北极域内外国家开展国际合作的重要性，为中俄就北极事项开展国际合作促进北极地区社会经济发展提供了合宜的俄罗斯国内政策环境。[①]

就中国而言，中国作为北极"重要利益攸关方"始终以积极的姿态参与到北极生态环境保护、北极治理以及促进北极地区社会经济发展的相关合作项目之中，中国秉持"互利共赢"原则，在维护北极国家主权和主权权利、支持北极国家合理北极权益诉求的基础上，维护自身的北极权益。而中国国内良好的政策支持则是中国参与北极开发的坚实保障，正在进行中的"一带一路"倡议合作项目以及国务院新闻办公室于 2018 年 1 月 26 日发布的《中国的北极政策》白皮书，则为中俄提供了在现阶段以及不远的将来就北极事项开展更多合作项目的重要推动力量，并为确保未来中俄北极合作的顺利进行提供了有力的国内政策保障。

"一带一路"倡议为中俄北极国际合作开启新篇章、迈进新征程的重要历史转折点，中俄北极国际合作在"一带一路"倡议下，获得了充足发展，并取得了丰硕成果，合作领域涉及基础设施建设、能源、经贸、金融、人文等诸多领域，创造了可观的经济收益，有力地促进了俄属北极地区的社会经济综合发展。此外，由国家发展改革委、商务部、外交部等多个政府部门联合负责的"一带一路"倡议下的"丝绸之路

---

① 《俄罗斯北极地区发展联邦法案（草案）》中将"俄罗斯联邦北极地区的发展"界定为北极地区合理、持续、合法的变化过程，这一变化过程的特点是北极地区的社会发展，经济，自然资源利用和环境保护，以及国际合作等其他领域过渡到到全新和完善的状态。并提到就教育层面同其他国家开展国际合作。

经济带"和"21世纪海上丝绸之路"也成为新时期中俄北极国际合作的重要平台,专项政策支持下的"一带一路"倡议必将在中俄两国政府的共同努力下得到建设性地落实。俄罗斯对中国"一带一路"倡议持积极支持态度,并在沟通谈判的基础上达成了包括北极资源开发、北极航道建设在内的等多项北极事项合作协议,并取得了一些阶段性成果。中国应充分利用中俄两国现阶段国内良好的政策支持环境,继续深化同俄罗斯的北极合作,拓宽中俄北极合作的广度和深度,促进中俄两国经济社会的共同发展,促进各自北极权益的维护。

《中国的北极政策》白皮书中明确指出,北极问题已不再只是北极国家之间或者北极区域范围内的问题,而是涉及北极域内外国家和国际社会整体利益的全球性事项,关乎全人类的共同生存与发展。并明确中国是北极事务的积极参与者、建设者和贡献者。中国参与北极事务的有效途径即为开展同北极域内外国家的多领域合作,中国将在北极建立多层次、全方位、宽领域的合作关系,在气候变化、科研、环保、航道、资源、人文等领域进行全方位的合作,继续贯彻合作共赢的原则。[①] 这表明了中国同北极国家开展北极合作的态度和决心,对未来中俄北极合作的开展将是一个难得的机遇。

白皮书还明确了中国参与北极事务的五项政策主张,其中,作为优先方向和重点领域的北极科考活动,中俄之间有着深厚的合作历史,未来也必将加强在此方面的共同合作。保护脆弱的北极生态环境更是中俄合作的利益基础,也是俄罗斯联邦立法明确列于重点优先项目清单的事项,保护北极生态环境,俄罗斯需要借助中国的力量,同时,北极生态

---

① 《中国的北极政策》,中华人民共和国国务院新闻办公室,2018年1月26日,http://www.scio.gov.cn/zfbps/32832/Document/1618203/1618203.htm。

环境的保护也有助于全球环境的稳定，益于全人类共同利益的维护。白皮书并明确指出，中国将参与北极航道、油气矿产等非生物资源、渔业资源、旅游资源等资源的开发和利用，由此可见，中俄之间合作有着广泛的利益基础（即中国参与北极事务的主要政策主张）。此外，在白皮书中，中国强调了将会注重保护北极居民和土著人群体的利益，并将致力于维护北极地区的和平与稳定，从而有力地减消了俄罗斯当局对同中国开展北极合作的顾忌，增强了两国的合作意愿。《中国的北极政策》白皮书为中俄北极合作提供了有利的政策环境和政策支持，对中俄正在合作建设的项目起到了有力的推动作用，是中俄两国应抓住并利用的机遇期。

（二）以经济助力为切入点积极参与北极航道能源开发建设，推动中俄北极合作

仍处于草案讨论阶段的《俄罗斯北极地区发展联邦法案（草案）》立法宗旨之一即为促进俄属北极地区经济发展，而囿于其国内经济实力有限，不能为其勘探开发北极资源能源、开发利用北极航道等北极开发事项提供充足的资金及完备的科研设备等，因而寻求同他国的北极合作成为俄罗斯开发其北极地区的最佳途径。而中国作为"重要北极利益攸关方"，一直在积极探求同北极国家之间开展涉北极事项的国际合作，俄罗斯联邦立法对中国来说，无疑是一个能够参与到北极开发的际遇，而以资金、设备、人员等为依托的经济助力更是中国参与北极开发的最佳切入点。

北极地区虽蕴藏着丰富的能源资源，但开发难度大，对亟待发展国

内经济开发北极的俄罗斯来说是一个严峻的挑战。俄罗斯发展北极地区经济需要谋求同他国的国际合作，中国参与北极开发也必须借助同北极国家的务实合作，中俄北极合作对两国来说是一个共赢选择。

作为中俄航道建设合作的重点项目，"冰上丝绸之路"是中国开展海上合作，构建开放型经济的重要探索。同时，"冰上丝绸之路"建设也是中俄两国在共同开发和利用包括北极航道在内的海上通道层面达成的突破性合作意向。海上通道的建设，尤其是北方海航道进一步的开发和利用将为"冰上丝绸之路"沿线国家的经贸往来提供通行便利，打开通往欧亚国家的"新丝路"。以海上通道建设为基础，经贸合作为重要内容的"冰上丝绸之路"将充分发挥航运、能源贸易及经济价值，从而在积极响应"一带一路"倡议下构建"冰上丝绸之路"沿线各国互利共赢新格局。打造"冰上丝绸之路"的重要载体则是北极航道的进一步开发和利用。

2015年，俄罗斯政府出台了《2015—2030年俄罗斯北方海航道的综合发展规划》，在该规划中，俄罗斯将中国视为进一步开发利用北方海航道的最大合作方，对同中国合作开发利用北极航道持积极态度。对此，中国也做出积极回应。在中国国家发展改革委和国家海洋局联合发布的《"一带一路"建设海上合作设想》（以下简称《设想》）中也提到要积极推动共建经北冰洋连接欧洲的蓝色经济通道。[①]并表明中国将以积极的姿态参与北极地区的开发利用。此外，《设想》中还提到，将采取行动积极与21世纪海上丝绸之路沿线各国开展全方位、宽领域、多层次的海上合作，推动建立互利共赢的蓝色伙伴关系，铸造可持续发

---

① 《国家发展改革委、国家海洋局联合发布〈"一带一路"建设海上合作设想〉》，中国政府网，2017年6月20日，http://www.gov.cn/xinwen/2017-06/20/content_5203984.htm。

展的"蓝色引擎"。中国政府愿与北极域内外国家合作开展对北极航道的科学考察，并支持北极国家改善北极航道的通航运输条件。同时，中国层面将鼓励中国企业积极参与北极航道的开发建设及商业化利用。并支持中国企业有序地参与北极能源资源的勘探开发，加强同北极国家的清洁能源合作，竭力为北极地区的能源开发、经济发展以及生态环境做出中国贡献。这是中国为参与北极合作所作出的重要承诺，也是在回应俄方寻求合作伙伴的需求。

此外，中俄两国领导人于 2015 年 5 月 8 日在俄签署《中华人民共和国与俄罗斯联邦关于丝绸之路经济带建设和欧亚经济联盟建设对接合作的联合声明》，涉及多项促进北极地区发展的合作项目，是中俄就北极地区经济发展开展广泛合作的典型例证。而早在 2014 年 5 月，中国便同俄罗斯签署了《中俄东线天然气合作项目备忘录》，而这个项目协议的签订，则成为中俄两国在天然气领域开展合作的历史性突破标志。中俄无论是在北极航道建设方面，还是在北极资源开发等领域，都有着共同利益的存在，都有着开展北极合作的互利前提，该合作基础（共同利益）的存在也同俄罗斯联邦立法的宗旨相呼应，为中俄北极合作提供了前提性基础，且中俄互为关键性的合作伙伴。

在中国经济看好，以经济、政治、军事、科技、创新能力为主的综合国力日渐提升的今天，寻求同中国的合作成为北极国家开发北极的重要方式，但基于北极国家内生的排他性和北极国家北极权益的维护，中国参与北极的切入点最适宜为低政治低敏感度领域。中国较强的经济实力与北极国家寻求合作的现实需求相契合，该契合点地正确运用必将会为中国真正参与到北极开发进程发挥关键性的桥梁作用。

（三）倡导"人类命运共同体"理念，保护北极生态环境，实现可持续发展，以大国担当促进中俄合作共赢

在同北极国家开展涉北极事项的国际合作中，中国一直秉持"合作共赢"的原则，而"合作共赢"这一理念亦是中国所首倡的"人类命运共同体"理念的核心，更是北极域内外国家之间国际双边和多边合作得以顺利开展的重要原因。同时，"人类命运共同体"理念的提出也体现了中国作为重要的"北极利益攸关方"积极参与北极开发和北极治理的大国担当，是中国负责任大国形象的重要体现。北极地区由于其生态环境所具有的高度脆弱性和遭受损害后恢复的长久性，决定了北极地区生态环境保护的必要性。并且，北极地区生态环境的稳定与否牵涉北极地区乃至全人类的生态环境安全，北极地区生态环境保护已不再只是区域性问题，而是事关全人类共同利益的全球性事项。保护北极地区生态环境与中国所倡导的"人类命运共同体"理念有着共同的初衷和一致的目标，即保护全人类同呼吸共命运的地球家园。

随着全球气候变暖北极海冰加速消融，北极开发进程将不可避免地前移，与此相应，对北极地区的生态环境保护形势也愈加紧迫，在此保护北极地区生态环境的国际形势下，中国所倡导的"人类命运共同体"理念将向北极国家及国际社会展示中国参与北极地区环境保护的诚意，消减北极国家对包括中国在内的域外国家所持的怀疑和排斥心理，为中国参与北极事务添加助力。在此意义上，北极地区生态环境保护的紧迫形势和俄罗斯联邦立法的出台，契合中国所倡导的"人类命运共同体"理念，中国处在一个北极地区较为开放包容的发展机遇期。

在俄罗斯将北极地区生态环境保护纳入其联邦立法，对域外国家持开放欢迎态度的北极合作机遇期，中国应继续推进同俄罗斯在环境保护和气候变化应对方面的合作，中国作为世界上最大的发展中国家，有担当也有能力去完成根据国际法原则和相关国际条约所承担的包括节能减排在内的相关义务。北极生态环境脆弱，在被大规模开发之前，需要完善北极的环境污染检测机制、环境损害应急机制和环境损害后的补救机制，而这些环保机制的建立需要俄罗斯联邦对其投入巨大的资金、设备、科研人员等的支持，中国作为最大的发展中国家，经济实力获得了一定提升，能够在这些方面对俄给予最大能力的帮助，从而助力俄罗斯联邦北极地区生态环境的保护，更好地实现俄罗斯联邦立法的目标。从中俄合作而言，通过以中俄环境保护和气候变化合作为基础，并以能源资源勘探开发合作为重点，进而寻求两国在北极航道开发利用乃至非传统安全领域的国际北极合作，全面拓展中俄北极合作的领域范围和合作深度。

四、结语

俄属北极地区经济社会的发展对俄罗斯有着重要的安全、经济、生态、政治等多层面的战略意义，明确俄属北极地区的法律地位、促进俄属北极地区的经济发展和生态保护将是俄发展北极的必然举措，该草案的最终通过也将为期不远。草案中以交通系统、能源资源为重点的俄"北极发展支柱区"经济发展呈现阶段化有序推进的特征；而以"零投放"原则为核心标准的俄北极生态保护则显现出高标准、重惩罚的未来趋向。俄属北极地区经济社会发展态势下的中俄北极合作将进入一个重要的战略机遇期，中国应充分利用两国国内利好的政策环境，以航道建设、能源勘探开采为参与北极开发的关键切入点；并将继续倡导"人类命运共同体"理念，以负责任的大国形象积极参与到俄属北极地区的生态环境保护行动中，以切实行动彰显中国贯彻"互利共赢"理念，维护全人类共同利益的态度和决心，促进中俄北极合作进程，维护两国的北极权益。

新自由制度主义视角下的
南太平洋渔业治理机制*

贺鉴　王雪**

南太平洋地区通过向其他国家出售金枪鱼捕捞许可证获得的收入占地区税收总额的 60%。[①] 由于南太平洋岛国渔业管理能力的有限性和主要鱼群的巨大流动性，区域合作在太平洋地区的重要性日益凸显，南太平洋地区也因而逐渐形成了世界上最复杂和先进的渔业治理合作规范。[②]

* 基金项目：中央高校基本科研业务费专项蓝色伙伴关系建构与中国参与全球海洋治理研究（项目编号 201961056）。

** 贺鉴（1975—），中国海洋大学海洋发展研究院双聘高级研究员，云南大学国际关系研究院特聘教授、博士生导师，山东大学国际问题研究院兼职研究员，主要研究方向：国际问题综合研究；王雪，中国海洋大学国际事务与公共管理学院硕士研究生，主要研究方向：国际海洋政治。

① Asch R. G., Cheung W. W. L., Reygondeau G., "Future marine ecosystem drivers, biodiversity, and fisheries maximum catch potential in Pacific Island countries and territories under climate change," *Marine Policy*, Vol. 88, 2018, p. 286.

② 曲升：《南太平洋区域海洋机制的缘起、发展及意义》，《太平洋学报》2017 年第 2 期，第 2 页。

南太平洋渔业治理机制①是南太平洋地区合作制度的组成部分之一，具体指南太平洋地区合作的原则、规范、规则和决策程序。其涉及宏观层面和微观层面，有效地指导着该地区的海洋渔业治理和海洋渔业资源的保护。② 经历了近半个世纪的发展，南太平洋渔业治理机制彰显出了巨大有效性，但同时也面临着来自南太平洋岛国、区域渔业管理机构、外部环境等因素的挑战，真正实现南太平洋海洋渔业治理的目标依然任重而道远。以罗伯特·基欧汉（Robert O. Keohane）、奥兰·杨（Oran R. Young）、詹姆斯·罗西瑙（James N. Rosenau）等为代表的新自由制度主义者关于复合相互依赖、国际机制需求说、国际机制有效性以及全球治理的相关理论，为南太平洋渔业治理机制的缘起、发展与完善提供了丰富的理论基础和思想来源。

---

① 关于国际制度与国际机制的概念及其关系，相关学者看法各异，克拉斯纳（Stephen D. Krasner）认为，国际机制就是"在一定的国际关系领域内汇聚行为体预期的一组明示或默示的原则、规范、规则和决策程序"。基欧汉（Robert O. Keohane）将"机制"定义为"有关国际关系特定问题领域的、政府同意建立的有明确规则的制度"。而将制度定义为"规定行为体的角色，约束有关活动并塑造预期的一整套持久、相互联系的（正式或者非正式）规则"，并区分了国际制度的三种形式：正式的政府间或跨国的非政府间组织；国际机制；国际惯例。约瑟夫·奈（Joseph Nye）将制度定义为"一系列治理安排，其中包括"规制行为并控制其行为的规则，规范和程序网络"。恩斯特·哈斯（Ernst Haas）认为，一个机制包括一个相互作用、连贯一致的程序，规则和规范。就国内学者而言，王逸舟在其《当代国际政治析论》一书中，对国际机制进行了初步分析，并将"机制"译为"规则"。苏长和认为，国际制度是"一系列主要由行为者在协调环境下形成的准则和在协作环境下创立的规约构成的"，并强调"国际制度和国际机制并无本质的区别"，"我们在很多情况下对国际机制和国际制度这两个概念就可以互用"。不难发现，相关学者就国际制度或国际机制具体内涵有所不同，但都肯定了国际关系领域内相关行为体之间达成的规则与国际机制的约束性。基于基欧汉对国际制度与国际机制的理解，笔者认为相对于国际机制，国际制度的外延更广，国际机制是国际制度的重要组成部分，其本质上是一种国际合作。

② 梁甲瑞、曲升：《全球海洋治理视域下的南太平洋地区海洋治理》，《太平洋学报》2018年第4期，第57页。

一、南太平洋渔业治理机制的发展历程及其复合相互依赖特征

基欧汉将对相互依赖关系产生影响的一系列控制性安排（governing arrangements）称为国际机制（international regimes）。[1] 随着渔业环境的变化和地区相互依赖程度的增加，南太平洋岛国主动构建"区域主义"的意识不断增强。形成于 20 世纪 70 年代的南太平洋渔业治理机制在不同阶段发生了相应的变化，并呈现出了显著的复合相互依赖特征。

（一）新自由制度主义视角下南太平洋渔业治理机制的发展历程

南太平洋地区渔业治理机制的缘起充分证明了基欧汉关于国际机制的创设和维持的区别认知，即当共同的利益足够重要，以及其他条件都满足时，没有霸权，合作可以出现，国际机制也可以创设。[2] 促使机制建立的基变量是权力和利益，基本参与者是国家。[3] 就南太平洋渔业治理机制而言，其缘起于地区岛国海洋渔业资源高效管理的共同利益和应对外部远洋渔业国家挑战的共同需求。

---

[1] ［美］罗伯特·基欧汉、约瑟夫·奈：《权力与相互依赖》（门洪华译），北京：北京大学出版社 2012 年版，第 5 页。

[2] ［美］罗伯特·基欧汉：《霸权之后：世界政治经济中的合作与纷争》（苏长和等译），上海：上海人民出版社 2001 年版，第 50 页。

[3] Krasner S D. , "Structural Causes and Regime Consequences: Regimes as Intervening Variables, " *International organization*, Vol. 2, 1982, p. 205.

1. 南太平洋地区渔业治理机制的缘起

一方面，为了实现地区海洋渔业资源高效管理的共同利益。罗伯特·基欧汉以相互依赖理性行为体需要的逻辑解释了国际机制的产生，他认为，国际机制不仅与自身利益是一致的，而且在一定条件下对有效追求自身利益来说是必要的。南太平洋岛国决策者逐渐意识到，在地理上分散的捕捞单位将面临日益复杂的财务和后勤问题。[①] 治理渔业问题需要采取系统的共同行动，同时形成约束渔业治理主体的相应合作原则、规范、规则和决策程序。因而，实现渔业资源的高效管理和渔业治理能力的提高，对南太平洋地区意义重大。在渔业资源衰退已经成为一个全球性问题的背景下（见图1），南太平洋渔业治理作为一种机制，本质上也是一种合作。

另一方面，为了应对外部远洋渔业国家带来的挑战。1967 年以来，世界海洋政治已经接近复合相互依赖的状态，海洋政治的中心更多地集中在资源的分配和如何圈占或防止他人圈占全球公地的问题上。[②] 全球政治中相互依赖的趋势在全球场景上产生了两个强有力的矛盾过程，即一体化过程以及分化的过程。一体化过程指的是各种社会正逐渐变得彼此相互依赖，而分化的过程是说不同社会中的不同团体逐渐寻求其自身的自主性。[③] 南太平洋地区作为世界范围内金枪鱼的主产区，对日本、韩国、美国等国家及台湾地区远洋捕鱼船具有极大吸引力。在此过程

[①] Ruddle K. , "The Context of Policy Design for Existing Community-Based Fisheries Management Systems in the Pacific Islands," *Ocean & Coastal Management*, Vol. 2–3, 1998, p. 123.

[②] 刘中民:《复合相互依赖论和海洋政治研究》,《太平洋学报》2004 年第 7 期, 第 93 页。

[③] 白云真、李开盛:《国际关系理论流派概论》, 杭州: 浙江人民出版社 2009 版, 第 90—91 页。

中，外部远洋捕鱼国对金枪鱼资源的大肆掠夺和过度捕捞问题不断凸显，南太平洋深海珊瑚礁不断遭受拖网捕鱼的破坏，并引起了区域内岛国和居民的关注。20 世纪 70 年代起，南太平洋岛国开始积极构建区域组织、制定区域协定和行动计划以应对来自外部远洋捕鱼国的威胁和挑战。

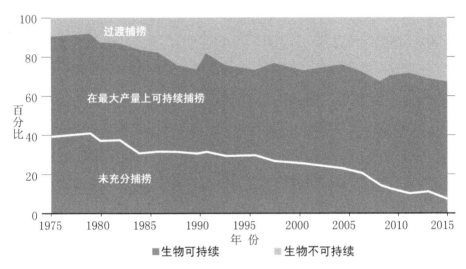

图 1　1974—2015 年世界海洋鱼类种群状况全球趋势

资料来源：联合国粮食及农业组织（FAO）：《2018 年世界渔业和水产养殖状况》，http://www.fao.org/3/i9540zh/I9540ZH.pdf。

2. 南太平洋地区海洋渔业治理机制的发展

国际机制产生后，它几乎不会成为静态的、没有变化的结构，而是会随着世界政治的社会实践持续发生变化，这个过程反映了国际机制所面临的内部力量和外部压力。[①] 变迁是国际制度普遍的特征，南太平洋

① 白云真、李开盛：《国际关系理论流派概论》，杭州：浙江人民出版社 2009 年版，第89 页。

渔业治理机制也不例外，其发展演变主要经历了以下三个阶段。

第一，起步阶段（20 世纪 70 年代至 80 年代）。南太平洋渔业治理机制产生的初期，相关岛国关注的议题主要包括如何控制作为财产的捕鱼区，以及确切地定义谁对该区域具有访问权，从而克服该地区渔业资源产生的外部性问题和分配问题。① 国际机制的一个重要功能是促进政府间特定的合作性协议的形成。这些安排和国际机制常常是脆弱的，与契约和准协议一样，国际机制的规则不断地发生变化，并对谈判和再谈判产生重要作用。② 1971 年 8 月，斐济、汤加、瑙鲁等 7 国在惠灵顿会议期间成立了"南太平洋论坛"，并决定每年召开一次集体会议。1979 年 7 月，根据第十届南太平洋论坛年会通过的《南太平洋论坛渔业局公约》，设立了南太平洋论坛渔业局。从而，南太平洋岛国的渔业资源管理和开发、海洋渔业的监察和执法，以及同域外远洋捕鱼大国的谈判，有了正式的机构保障。南太平洋区域海洋渔业组织结构框架雏形初具。

第二，初步形成阶段（20 世纪 80 年代至 90 年代末）。根据罗伯特·基欧汉解释国际机制变迁的总体权力结构解释模式，霸权和领导的重要地位不可忽视。就南太平洋渔业治理机制而言，区域和机制内层具有较大影响力的岛国充当了该角色，尤其是南太平洋论坛的成员国，在促进南太平洋渔业治理机制从起步阶段、初步形成阶段再到深入发展阶段发挥了重要作用。1982 年 8 月，第 13 届南太平洋论坛期间，在南太平洋主要渔业国的推动下，其与远洋捕鱼国达成了"入区协定"，该协定第一条决定颁行"区域内外国渔船登记规则"，从而有利于南太平洋

① Ruddle K., " The Context of Policy Design for Existing Community-Based Fisheries Management Systems in the Pacific Islands, " *Ocean & Coastal Management*, Vol. 2-3, 1998, p. 106.

② ［美］罗伯特·基欧汉：《霸权之后：世界政治经济中的合作与纷争》（苏长和等译），上海：上海人民出版社 2001 年版，第 90 页。

论坛渔业局成员更有效的管理和控制区域内外国渔船。1982 年 2 月，基里巴斯、密克罗尼西亚等 7 国签订了多边渔业条约——《瑙鲁协定》，为各缔约国专属渔业区内的渔业资源管理建立了统一的途径和规范。2016 年，16 个太平洋岛国代表与美国就修改《南太平洋渔业协议》达成一致，并将修改后的协议延续至 2022 年。[①] 作为南太平洋一员的基里巴斯，在 1979 年至 1986 年间与包括日本、美国、朝鲜等在内的主要远洋渔业国之间达成了多项许可协议。1989 年 11 月，南太平洋论坛国家通过了《在南太平洋禁止使用大流网捕鱼公约》，将同年 7 月第 20 届南太平洋论坛通过的《塔拉瓦宣言》中关于"无流网区"倡议落到实处。

第三，深入发展阶段（21 世纪以来）。21 世纪以来，南太平洋渔业治理机制迈进深入发展阶段。2000 年 10 月，"南太平洋论坛"更名为"太平洋岛国论坛"。[②] 南太平洋地区目前的海洋政策框架以太平洋岛屿区域海洋政策（PIROP）为基础，该政策于 2002 年得到太平洋岛国论坛领导人的认可。[③] 2005 年，太平洋岛国区域海洋论坛的综合战略行动框架（PIROF-ISA）发布。[④] 2007 年第 38 届太平洋岛国论坛通过了《区域金枪鱼管理和发展战略》《区域监测、控制和监督战略》，以及《太平洋渔业资源的瓦瓦乌宣言》，从而推动了南太平洋渔业治理机

---

① 李励年：《美国与太平洋岛国谈判修改〈南太平洋渔业协议〉》，《渔业信息与战略》2016 年第 3 期，第 237 页。

② 《新闻背景：南太平洋岛国和太平洋岛国论坛》，中国新闻网，2006 年 4 月 5 日，https://www.chinanews.com/news/2006/2006-04-05/8/712704.shtml。

③ Vince J., Brierley E., Stevenson S., et al., "Ocean Governance in the South Pacific Region: Progress and Plans for Action," *Marine Policy*, No. 79, 2017, p. 41.

④ Vince J., Brierley E., Stevenson S., et al., "Ocean governance in the South Pacific region: Progress and plans for action," *Marine Policy*, No. 79, 2017, p. 41.

制向纵深发展。次年 5 月，第 4 届论坛渔业委员会部长会议通过了《地区金枪鱼管理和发展战略 2009—2014》。2006 年，澳大利亚、智利和新西兰启动了一个协商进程，推动各国能够协作保护南太平洋公海地区海洋环境与生物多样性，并举行了一系列国际会议。在此过程中，《南太平洋公海渔业资源养护与管理公约》于 2009 年得以达成，根据公约设立的南太平洋区域渔业管理组织（SPRFMO）得以落地。[①] 2010 年，太平洋地区领导人认可了太平洋海景框架（FPO），通过激发行动和政治意愿，以确保该地区内各种海洋和岛屿生态系统的管理、保护与可持续发展。[②] 2014 年 7 月 4 日，在澳大利亚、库克群岛、斐济、新西兰等国的努力下，《南太平洋延绳捕鱼管理托克劳安排》得以通过。2015 年 7 月 6 日，第 11 届太平洋岛国论坛渔业局部长会议通过了《可持续的太平洋渔业区域性路线图》，为未来十年太平洋岛国区域远洋渔业和近海渔业发展指明了方向。[③] 南太平洋岛国于 2016 年 9 月 11 日通过的《波纳佩海洋声明：可持续发展之路》，2017 年 9 月达成的"蓝色太平洋"共识等都在很大程度上进一步推动了该地区渔业治理机制化建设。

（二）南太平洋地区海洋渔业治理机制复合相互依赖特征

基欧汉将复合相互依赖的特征主要归结为三个方面。

第一，各社会多渠道的社会联系，主要包括国家间联系、跨政府联

---

① "About the SPRFMO," South Pacific Regional Fisheries Management Organisation(SPRFMO), http://www. sprfmo. int/about/.

② Vince J., Brierley E., Stevenson S., et al., "Ocean Governance in the South Pacific Region: Progress and Plans for Action," *Marine Policy*, No. 79, 2017p. 41.

③ 曲升:《近年来太平洋岛屿区域海洋治理的新动向和优先事项》,中国社会科学网,2019 年 1 月 2 日, http://ex.cssn.cn/sjs/sjs_sjxds/201901/t20190102_4805256.shtml。

系和跨国联系。① 在南太地区岛国间联系之外,南太地区海洋渔业治理
机制也很好地实现了全球性和区域性相联系的特点。一方面,南太平洋
渔业治理机制作为区域性治理机制,与联合国框架下的全球性渔业治理
机制也形成了良好互动。太平洋岛国论坛将《联合国海洋法公约》与
《联合国鱼类种群协定》作为南太平洋地区主要的海洋治理规范的基
础;另一方面,南太平洋地区的区域组织与联合国、欧盟、世界银行等
都进行了不同程度上的合作。从这个角度而言,南太平洋渔业治理机制
很好实现了不同程度上的国家间联系、跨政府联系和跨国联系。

第二,问题之间没有等级之分,即国家间关系的议程包括许多没有
明确或固定等级之分。[2] 南太平洋渔业治理机制缘起于对区域海洋渔业
开发管理和应对来自外国远洋渔业国家挑战的议题上。2014 年以来,
南太平洋相关国家不断通过各种场合强调海洋经济和海洋环境两大领域
的重要性。其中,渔业是其海洋经济极其重要的组成部分,海洋环境的
复原和保护也直接关系到渔业的发展前途。在过去近半个世纪里,南太
平洋渔业治理逐渐从渔业开发向渔业管理和养护过渡,近年来将渔业可
持续发展作为优先事项。因而,在南太平洋渔业治理机制国家间、区域
性和全球性联系不断加强的过程中,该地区渔业、环境、经济与政治领
域议题更加紧密地交织在了一起。

第三,武力的作用下降。当复合相互依赖普遍存在时,一国政府不

---

① [美] 罗伯特·基欧汉、约瑟夫·奈:《权力与相互依赖》(门洪华译),北京:北京大学
出版社 2012 年版,第 25 页。
② [美] 罗伯特·基欧汉、约瑟夫·奈:《权力与相互依赖》(门洪华译),北京:北京大学
出版社 2012 年版,第 26 页。

在本地区内或在某些问题上对他国政府使用武力。① 南太平洋渔业治理机制产生于和平与发展的时代背景，大国使用武力直接受到了经济代价和核威慑的限制。在海洋政治民主化的现实中，南太平洋岛国不愿用也没有能力使用武力去应对渔业治理领域"公地悲剧"等问题。在发展完善南太平洋渔业治理机制的过程中，南太平洋岛国与相关组织不断丰富治理机制的行为体，从而通过机制化、法制化与规范化建设应对渔业治理难题。目前南太平洋渔业治理机制包括该地区众多的岛国，日本、美国、印度尼西亚、泰国、韩国、中国等在内的远洋渔业国家，也包括诸多的全球性组织、区域性组织、政府间组织、非政府组织等非国家行为体，这些非国家行为体在南太平洋渔业治理机制中占有重要地位。

罗伯特·基欧汉就国际机制的变迁提出了多种解释模式，并认为这些模式是相互作用的，没有任何一种模式可以永久、全部地解释国际制度，只是在某些阶段和领域是有效的。② 技术变革和经济相互依赖的加强并没有瓦解南太平洋渔业治理机制，而是转化成了驱动其变迁的动力，以适应新的经济和技术状况。比如现代化与经济发展对南太平洋地区渔业资源商业化和商品化的促进。③ 从国际组织解释模式的角度出发，网络、规范和制度是解释制度变迁的重要独立性因素。其中，联合国的网络、规范与基本能力深刻影响着南太平洋地区海洋渔业治理机制的变迁。南太平洋地区渔业治理机制从起步阶段到初步形成阶段的过渡更多的源于其区域内生力量，在从初步形成阶段到21世纪以来深入发

---

① ［美］罗伯特·基欧汉、约瑟夫·奈：《权力与相互依赖》（门洪华译），北京：北京大学出版社2012年版，第26页。

② 刘中民：《复合相互依赖论和海洋政治研究》，《太平洋学报》2004年第7期，第96页。

③ Ruddle K., "The Context of Policy Design for Existing Community-Based Fisheries Management Systems in the Pacific Islands," *Ocean & Coastal Management*, Vol. 2-3, 1998, p. 110.

展阶段的变迁中，很大程度上受益于联合国、欧盟等国际组织的推动作用。同时，包括基于利己主义的自我利益、政治权力、规范和原则、习惯和习俗以及知识等多种因果变量①也在不同程度上影响着南太平洋渔业治理机制的发展。

二、新自由制度主义视角下南太平洋渔业治理机制的有效性及其影响因素

新自由制度主义对国际机制有效性的评价提供了相当程度的启发意义，具体到南太平洋渔业治理机制上，可从初始问题的解决程度，促使相关国家行为改变的程度以及与其他渔业治理制度的互动程度三个方面进行有效性的观察。同时，制度设计因素、区域内岛国因素、区域内组织因素以及域外国家因素在不同程度上影响着南太平洋渔业治理机制效用的发挥。

（一）新自由制度主义视角下南太平洋渔业治理机制的有效性

有效性是国际机制研究的核心概念，其具体内涵和界定相关学者看

---

① Krasner S. D., "Structural Causes and Regime Consequences: Regimes as Intervening Variables," *International Organization*, Vol. 2, 1982, p. 195.

法各异①，在扬看来，有效的国际制度安排将引起行为者、行为者的利益追求和行为者之间的互动发生变化，以致国际关系的行为者将在多大程度上遵守国际制度的约束。② 基于此，本文将从初始问题的解决程度，促使相关国家行为改变的程度以及与其他渔业治理制度的互动程度三个方面对南太平洋渔业治理机制的有效性进行评价。其中，初始问题的解决程度有利于从初始变量的角度，理解影响机制有效性的问题属性；促使相关国家行为改变的程度有助于从过程性变量的角度，理解影响机制有效性的成员数量、各方参与等；与其他渔业治理制度的互动程度可以从干预变量的角度，解释影响机制有效性的互动关系、国际认可度等。

1. 初始问题的解决程度

如前所述，南太平洋渔业治理机制缘起于区域内海洋渔业资源综合管理以及应对外部远洋捕鱼国的威胁需要，对其是否解决或多大程度上解决了这个初始问题也应主要从这两个方面进行分析和评价。

---

① 罗纳德·米切尔（Ronald B. Mitchell）认为制度有效是指制度影响国家行为的程度；奥莱沃·斯拉莫·斯托克（Olav Schram Stokke）认为有效性是指建立机制以用来解决或减轻特定问题的程度。李普塞特（Seymour Martin Lipset）和基欧汉认为，国际机制有效性与合法性之间存在着正相关关系，国际机制的合法性来源于机制的有效性，有效性高，合法性也高。作为国际机制研究的集大成者，奥兰·杨（Oran Young）关于国际机制有效性的界定被国内外相关学者广泛接受，他认为有效性是国际机制对国家行为的影响，衡量某一国际制度有效性的高低，可以从其能否成功地执行，得到服从并继续维持的角度来加以衡量。并强调，有效性是一个程度的问题，而不是一个全有全无的问题。就国内学者而言，刘庆荣认为国际机制有效性的主要标准是看其能否在相互依赖的世界中降低国际合作中的交易费用，促进国家行为体之间的合作，增进国家的利益。贾烈英认为衡量制度有效性的方法应考察大国合作状况：大国合作的程度越高，制度就越有效。综合以上观点，笔者认为衡量机制有效性的标准应当主要包括：初始问题的解决程度，对相关行为体的作用以及与其他机制之间的互动程度等方面。

② 符春苗、韦进深：《从制度有效性看新兴国家参与全球环境治理》，《传承》2013 年第 6 期，第 74 页。

一方面，南太平洋渔业治理机制的发展完善有效促进了南太平洋海洋渔业资源的综合管理。第一，就南太平洋各岛国而言，区域海洋渔业治理机制的建立不仅改变了原本对它们不利的海洋渔业资源收益分配机制，扩展了它们的"海洋疆土"，而且还极大提高了其在国际上的地位和影响。① 同时，该地区成员国获得围网捕鱼的经济回报有所增加，从而证明了南太平洋渔业治理机制产生的经济效益。第二，基于提升治理能力、强化渔业资源管理的需要，南太平洋渔业治理机制产出了众多合作管理机构。比如，太平洋岛国论坛渔业局（FFA）、太平洋共同体秘书处（SPC）等，这些机构不仅为南太地区岛国提供专业咨询和服务，也通过与域外国家和机构的协调与合作，制定更普适性的渔业管理政策。第三，南太平洋渔业治理机制的发展演化实现了该地区渔业资源的整合和海洋渔业管理思路的创新。《区域金枪鱼管理和发展战略》《区域监测、控制和监督战略》等在内的机制化成果表明了，南太地区渔业保护与管理的政策和行动由之前的"外向—保护"单轨思路，转向了同时重视"内向—管理开发"的双轨思路。②

另一方面，在南太平洋渔业治理机制演变的过程中，有力应对了来自外部远洋捕鱼国的挑战。比如，外国渔船登记制度有利于论坛成员国掌握远洋捕鱼国渔船的基本情况，从而促进远洋捕鱼船在该区域活动过程中规范行为。③ 事实证明，南太平洋地区主要远洋渔业国家的捕捞量都在不同程度上有所减少（见表1），这也在一定程度上说明了该地区

---

① 曲升：《南太平洋区域海洋机制的缘起、发展及意义》，《太平洋学报》2017年第2期，第18页。

② 曲升：《南太平洋区域海洋机制的缘起、发展及意义》，《太平洋学报》2017年第2期，第10页。

③ 曲升：《南太平洋区域海洋机制的缘起、发展及意义》，《太平洋学报》2017年第2期，第6页。

渔业治理机制在应对远洋渔业大国的非法和过度捕捞方面取得的良好效果。非法捕捞已被减少到最低限度，可追踪性和渔获量文件新的区域倡议，以及澳大利亚政府根据太平洋海事安全方案资助的新空中监视系统①，将继续服务于南太平洋打击非法捕捞的行动。

表1　海洋捕捞产量：南太平洋主要远洋渔业国家/地区

国家 （地区）	产量（吨）			变化（%）		变化（吨）
	2005—2014 平均值	2015	2016	2015—2016	2015—2016	2015—2016
中国	13189273	15314000	15246234	15.6	-0.4	-67766
美国	4757179	5019399	4897322	2.9	-2.4	-122077
韩国	1746579	1640669	1377343	-21.1	-16	-263326
日本	3992458	3423099	3167610	-20.7	-7.5	-255489
中国台湾	960193	989311	750021	-21.9	-24.2	-239290

资料来源：联合国粮食及农业组织（FAO）：《2018年世界渔业和水产养殖状况》，第9页，http://www.fao.org/3/i9540zh/I9540ZH.pdf。

2. 促使相关国家行为改变的程度

一方面，南太平洋渔业治理机制对区域内国家行为的改变可通过国家参与该机制的数量得以反映。"南太平洋论坛"成立之初，仅由澳大利亚、斐济、汤加等七国组成，但该论坛发展迅速，成员国数量很快由7个扩展至16个。在南太平洋渔业治理机制发展过程中，机制覆盖的

---

① 目前有13个国家通过太平洋岛国的太平洋海事安全计划获得空中监视的支持，澳大利亚政府向这13个国家提供巡逻船，帮助他们监视非法捕鱼活动。详见《紧扣环保莫里森在联大19分钟说出三个要点（附演讲全文）》，澳华财经在线，2019年9月27日，http://www.acbnews.com.au/special/20190927-39196.html。

地理空间和政治空间也在不断扩展。① 此外，根据《南太平洋延绳捕鱼管理托克劳安排》而制定的"延绳渔获计划"确立了成员国年度"可渔获总量"（Total Allowable Catch）限额及相互转让的制度，将在很大程度上杜绝太平洋岛屿国家自身的滥捕和过度捕捞行为。

另一方面，南太平洋渔业治理机制对域外远洋渔业捕捞国的行为也产生一定影响。在2011年10月召开的日瑙渔业协议会上，日本与瑙鲁签订了双边金枪鱼渔业协定。根据联合国粮食及农业组织发布的2018年世界渔业和水产养殖状况（见表2），2015—2016年西南太平洋和东南太平洋渔业捕捞量分别为-22.8%和-40.5%，下降的百分比在世界主要捕捞海域位列第二和第一，有力说明了南太平洋渔业治理机制在南太平洋渔业养护和促使其他国家渔业捕捞行为改变中取得的成果。

表2　捕捞产量：南太平洋区域

捕捞代码	捕捞区域名称	产量（吨）			变化（%）		变化（吨）
		2005—2014年平均值	2015	2016	2015—2016	2015—2016	2015—2016
81	西南太平洋	613701	551534	474066	−22.8	−14	−77468
87	东南太平洋	10638882	7702885	6329328	−40.5	−17.8	−1373557

资料来源：联合国粮食及农业组织（FAO）：《2018年世界渔业和水产养殖状况》，第13页，http://www.fao.org/3/i9540zh/I9540ZH.pdf。

3. 与其他渔业治理制度的互动程度

环境领域的国际合作将对机制有效性产生较为积极的影响，在南太

---

① 曲升：《南太平洋区域海洋机制的缘起、发展及意义》，《太平洋学报》2017年第2期，第17页。

平洋渔业治理机制的发展完善过程中，这些机制也与其他国际层面的海洋渔业产生了一定的良性互动，从而使南太平洋海洋渔业治理以一种更加有效的方式进行。这主要表现在以下两方面。

一方面，与联合国框架下的渔业治理机制的互动。《联合国海洋法公约》把协调好全球层面、区域层面和次区域层面的合作，作为保护世界范围内海洋资源和渔业资源的重要任务之一。多数太平洋岛国论坛成员国为《联合国海洋法公约》的缔结国，从而为南太平洋渔业治理机制与联合国框架下渔业治理机制的互动奠定了良好基础。实践证明，在践行南太平洋渔业治理机制中所采取一些立法和行动，正是对《联合国海洋法公约》中关于渔业保护和管理相关规则、原则的借鉴和实践。

另一方面，与欧盟地区框架下渔业治理机制的互动。欧盟与基里巴斯渔业合作由来已久，并在 2015 年与斐济确定了海洋治理伙伴关系，重点加强双方可持续治理渔业资源的合作。2010 年 7 月 26 日，欧盟代表在惠灵顿签署了南太平洋公海渔业管理协议（全称"南太平洋公海渔业资源保护与管理协议"），该协议填补了全球公海渔业管理方面最后一个空白点，也标志着欧盟成为南太平洋地区性渔业管理协议的重要签署方之一。① 从而，南太平洋渔业治理机制与欧盟框架下渔业治理机制的互动迈上了新的台阶。

---

① 李励年：《欧盟签署南太平洋公海渔业管理协议——称协议填补了全球公海渔业管理上最后一个空白点》，《现代渔业信息》2010 年第 10 期，第 34 页。

（二）影响南太平洋地区渔业治理机制有效性的主要不利因素

作为新自由自由制度主义代表之一，奥兰·杨就影响国际机制有效性的关键因素进行了细致分析，将有效性的来源划分为机制自身特征或属性，即内在因素，而特定机制安排运作所处的社会条件或环境条件，是外在因素。并将影响机制有效性发挥的来源细化为透明度、健全度、规则的改变、政府能力、权力分配、相互依存、智识秩序等。[①] 影响南太平洋地区渔业治理机制有效性的主要因素是多方面的，具体可分为四个层面的因素：第一层面是机制自身的内部因素，即制度设计因素；第二层面是南太平洋地区渔业治理机制涉及的区域内岛国因素；第三层面是南太平洋地区渔业治理机制涉及的区域内组织因素；第四层面指的是域外因素，主要涉及域外远洋渔业国家。

1. 南太平洋渔业治理机制自身的缺陷影响了其有效性

从南太平洋地区渔业治理机制自身的层面而言，主要存在以下问题：第一，机制的透明度有待进一步提高。国际机制在监控或核查其成员是否遵守已达成行为规则的难度，在一定程度上体现了该机制的有效性。目前，南太平洋地区渔业治理机制在发现成员是否违反规则规定的难度、违规者受到制裁的可能性、所施制裁的严厉程度上仍然不尽如人意。第二，机制的健全度不足。从与虚弱相对的角度来说，南太平洋地区渔业治理机制在应对伴随其所管理的行为而发生的意外事件上表现良

---

① ［美］詹姆斯 N. 罗西瑙主编：《没有政府的治理》（张胜军、刘小林等译），南昌：江西人民出版社 2001 年版，第 187—214 页。

好，但反应较慢；从与脆弱相对的角度来看，南太平洋渔业治理机制在适应广泛的社会环境变化或干扰而不发生剧烈变化的能力还有待检验。第三，规则的改变。国际制度的有效性与管理其根本变化的公认规则的效力大小密切相关。就改变其根本规定的问题而言，南太平洋渔业治理机制的处理程序明确程度和受到公认的程度还有一定的进步空间。第四，权力分配的不对称。南太平洋渔业治理机制在权力分配上存在一定程度的失衡，权力分配的不对称限制了机制有效性的发挥。同时，南太平洋地区渔业治理机制自身的缺陷使其提供的信息可能是不充分的，其他参与者难以准确把握协议条款所体现的权力与责任分配原则。这种情况的出现降低了相关方共同应对有害变化时协作的成效。①

2. 区域内岛国能力建设不足给该地区渔业治理机制有效性带来不利影响

就环境机制涉及的国内因素而言，其中最为关键的是国家的能力，因为任何环境机制规定的义务和指标最终都要由国家通过调动人力物力、制定政策法规来具体落实。② 国际机制的有效性与其成员国政府贯彻制度规定的能力有密切关系，以往研究表明，对渔业决策作出政治承诺的缺乏和国家能力建设的薄弱是太平洋岛屿国家渔业可持续管理所面临的主要威胁。③ 一方面，由于南太区域岛国能力建设不足和落实区域管理制度与自身责任的不到位，部分南太平洋岛国贯彻落实该区域渔业

---

① ［美］罗伯特·基欧汉：《霸权之后：世界政治经济中的合作与纷争》（苏长和等译），上海：上海人民出版社 2001 年版，第 95 页。

② 张海滨：《环境与国际关系——全球环境问题的理性思考》，上海：上海人民出版社 2008 年版，第 231 页。

③ Hanich Q., Teo F. & Tsamenyi M., "A Collective Approach to Pacific Islands Fisheries Management: Moving Beyond Regional Agreements," *Marine Policy*, Vol. 1, 2010, p. 87.

治理机制的实际行动令人担忧。该区域内部分岛国存在经济增长缓慢，政治不稳定和内部矛盾的问题，薄弱的治理体制也极大限制了南太平洋岛国落实该区域渔业治理机制的能力和水平。大多数太平洋岛国的渔业管理机构不多，通常很少或没有研究能力来支持渔业管理。因此，该区域许多地方的沿海渔业管理主要基于直觉，而不是系统观察和经验积累。① 大多数太平洋岛国在海洋资源管理和开发中在确定权利和划定责任方面存在一系列难题。② 另一方面，岛国对南太平洋地区渔业治理机制发挥其有效性的影响，也来自其客观上渔业治理能力的局限。基于对南太平洋地区小岛屿发展中国家人口状况的考虑，该区域内人口稀少的岛国在国家一级治理机制目标的落实上确实有一定难度。岛国在自然资源禀赋、人口数量和经济前景等方面确实存在治理能力上的劣势。

3. 区域内渔业组织的诸多局限给该地区渔业治理机制有效性带来消极作用

南太平洋区域内渔业组织对该地区渔业治理机制有效性发挥影响重大，当前区域渔业组织层面的局限主要包括：首先，南太平洋区域一体化程度不高。就当前南太平洋区域一体化现状而言，政治领域的一体化处于起步阶段；经济领域也没有形成区域发展银行或自贸区。③ 其次，区域内渔业治理机构众多，功能重合，效率有待进一步提高。太平洋地

① Dalzell P., "The Role of Archaeological and Cultural-Historical Records in Long-Range Coastal Fisheries Resources Management Strategies and Policies in the Pacific Islands," *Ocean & Coastal Management*, Vol. 2-3, 1998, p. 238.

② Ruddle K., "The Context of Policy Design for Existing Community-Based Fisheries Management Systems in the Pacific Islands," *Ocean & Coastal Management*, Vol. 2-3, 1998, p. 107.

③ Gregory E. Fry, "Regionalism and International Politics of the South Pacific," *Pacific Affairs*, Vol. 54, No. 3, 1981, pp. 465-466.

区组织理事会（CROP）是该区域治理框架的关键要素之一，由太平洋岛国论坛秘书处 9 个区域组织的首席执行官组成，其职责涵盖太平洋岛国论坛渔业局、太平洋共同体秘书处、南太平洋区域环境署（SPREP）、南太平洋旅游组织（SPTO）等组织和机构的海洋相关活动。这些组织中各成员国的政策重点，如气候变化，捕鱼权和贸易等方面的差异明显。渔业治理机构的单打独斗和规则的"碎片化"现象在短期内难以解决。最后，区域治理组织的较高对外依存度也在一定程度上强化了区域内组织之间的竞争，加剧了不同组织协调合作的难度。借助外部援助，区域内渔业治理组织得以有效运转，也不断提高其影响力，但同时，其自身的独立性和自主性也受到外部"金主"的限制。非政府组织是该区域有影响力的利益相关者，为太平洋许多海洋政策的发展提供了资金和支持，南太地区许多渔业政策形成初期都依赖于非政府组织的资助。[1]

4. 区域外不利因素给南太平洋渔业治理机制有效性带来了负面影响

域外势力的干涉和控制对南太平洋渔业治理机制有效性的发挥也产生了负面影响。英国、荷兰、法国、德国、日本、葡萄牙、西班牙和美国政府在南太地区引入的法律和政策体系，在后殖民时代依然发挥着作用，影响着南太地区传统渔业管理体制。[2] 南太地区大多数是发展中国家，其发展进步在一定程度上取决于外部国家和非政府组织的援助，这些"援助者"也在很大程度上影响着地区渔业政策走向。同时，域外

---

① Vince J., Brierley E., Stevenson S., et al., "Ocean Governance in the South Pacific Region: Progress and Plans for Action," *Marine Policy*, 2017, Vol. 79, p. 43.

② Ruddle K., "The Context of Policy Design for Existing Community-Based Fisheries Management Systems in the Pacific Islands," *Ocean & Coastal Management*, Vol. 2-3, 1998, p. 109.

远洋渔业国家之间或明或暗的博弈也在一定程度上给该地区渔业治理机制的运行效果带来负面影响。

此外，各种国际环境机制有效性之间存在的差异与它们处理的环境问题复杂度也有密切关系。[①] 就南太平洋渔业治理机制而言，首先，从知识与政治特征的角度分析，南太平洋渔业治理问题属于全球海洋治理领域的热点问题。相较于区域外人们对渔业问题的了解和关注程度，南太平洋地区的岛民对该问题的了解和关注更加深刻。其次，从良性环境问题与恶性环境问题的层面看，目前南太平洋渔业机制的信息透明度和对称性有待进一步提高，并在不同程度上影响着合作过程中相关各方共识的达成。最后，21 世纪以来，全球气候变化和全球化更加明显，人口增长、海洋资源持续枯竭、海洋生态环境恶化等问题也在客观上影响着南太平洋渔业治理机制有效性的发挥。目前，海平面上升，沿海洪水，极端和多变的风暴潮事件增加，珊瑚褪色以及海洋生态系统状况和生产力的下降，威胁着太平洋岛民的福祉与健康，特别是小型渔业[②]，同时也更加剧了该地区渔业可持续治理的难度。

三、新自由制度主义视角下完善南太平洋地区渔业治理机制的路径

从新自由制度主义视角出发，治理通过正式与非正式的机制

---

① 张海滨：《环境与国际关系——全球环境问题的理性思考》，上海：上海人民出版社 2008 年版，第 231 页。

② Finkbeiner E. M., Micheli F, Bennett N. J., et al., "Exploring Trade-offs in Climate Change Response in the Context of Pacific Island fisheries," *Marine Policy*, Vol. 88, 2018, p. 359.

（regimes）和制度（institutions）来维持全球或是区域的正常秩序，治理方式强调不同行为体间的动态协调，而非静态的机制安排。全球治理具有进程导向的性质，强调不同行为体间的动态协调，将不同层面的众多制度安排整合起来，以追求共同利益。[①] 在罗西瑙看来，全球化所带来的世界事务治理问题，表明全球治理的脆弱体系正在迎接基础结构的变化，从而形成新的复合型多边主义。[②]

（一）完善南太平洋渔业治理机制设计

在基欧汉看来，国际机制通过正反两种途径影响国家行为，一是奖励合作行为，二是惩罚不合作行为。为了减小国际合作中市场失灵的概率，国际机制应充分发挥其控制交易成本和提供可靠信息的功能。[③] 一个更好的制度设计有利于提高南太平洋渔业治理机制的有效性，从内在层面完善南太平洋地区渔业治理机制而言，可通过机制设定的原则、准则、规则和决策程序使国家提供透明、高质量的信息，在该机制框架内的交易成本降低。第一，对于机制规则安排条款的制定者而言，在监督和执行安排上大有可为。例如，制度安排应当要求成员国不定期地证明他们遵守了适当的行为规则，充分利用日益精确的科学技术对行为者进行核查，同时要求加入该机制的国家提供真实可靠的信息，从而更大程度地发挥机制本身对国家行为的制约作用。第二，在规则改变过程中，

---

① 薛晓芃、张罗丹：《东北亚环境治理进程评估》，《东方论坛》2014 年第 5 期，第 53 页。
② ［英］戴维·赫尔德、安东尼·麦克格鲁编：《治理全球化—权力、权威与全球治理》（曹荣湘、龙虎等译），北京：社会科学文献出版社 2004 年版，第 12 页。
③ 秦亚青：《国际关系理论：反思与重构》，北京：北京大学出版社 2012 年版，第 133—134 页。

明确其修订程序，保证对试图引发变动的成员所作要求的强制力，进一步加强南太地区渔业治理机制激励措施与惩罚功能的有机结合，增加违背规则的国家损失声誉的成本。第三，南太平洋渔业治理机制应当进一步完善其社会选择机制。积极应对捕捞技术的变化，形成高度稳定的机制安排，提高机制面对外部环境变化的适应能力和调适能力。

（二）加强南太平洋岛国渔业治理能力建设

国际关系深深地内嵌于由非国家行为体和国家行为体所构成的世界中，全球治理研究者不能轻易地抛弃传统的国家中心范式，因为国家或许也代表着世界政治结构中的基本转变，民族国家仍将是实行集体行动的可行而又可调整的机制。[1] 因而，目前南太平洋地区渔业治理机制的完善可从加强南太平洋岛国渔业治理能力建设入手。第一，分清各岛国的权利和责任，确保各级政府在共同体中都能明确自己的权利和责任，从而提高对区域内岛国的资源管理能力，同时减少他们在不同发展方案之间的误解与冲突。[2] 同时，对太平洋岛屿国家而言，提高小型捕鱼社区的应对能力将变得越来越重要。[3] 确保各级政府到社区意识到他们的权利和责任，将有助于他们的参与和管理他们所负责资源的能力，同时还将减少不同开发方案之间的冲突。[4] 第二，提高南太平洋岛国管理机

---

[1] 白云真、李开盛：《国际关系理论流派概论》，杭州：浙江人民出版社 2009 年第 1 版，第 92 页。

[2] 陈洪桥：《太平洋岛国区域海洋治理探析》，《战略决策研究》2017 年第 4 期，第 16 页。

[3] Finkbeiner E. M., Micheli F., Bennett N. J., et al., "Exploring Trade-offs in Climate Change Response in the Context of Pacific Island fisheries," *Marine Policy*, Vol. 88, 2018, p. 359.

[4] Vince J., Brierley E., Stevenson S., et al., "Ocean Governance in the South Pacific Region: Progress and Plans for Action," *Marine Policy*, Vol. 79, 2017, p. 44.

制和治理能力层面的劣势。比如，加强南太平洋岛屿国家的审查、发放、监测和执行捕捞许可证和条件的能力、程序、透明度和问责制；完善对南太平洋岛屿国家核实渔获量数据的程序等。渔业管理人员可以利用广泛的信息来源作为管理过程的输入，特别是在常规渔业数据贫乏甚至完全缺乏的情况下，可以发展和采用新颖的多学科方法进行沿海渔业管理。[①] 太平洋岛国论坛渔业局可加强对相关岛国在监督、执法和巡逻等方面的监控措施。第三，建立分区域集体渔业管理机构，负责管理南太平洋特别小岛屿国家的三个或四个专属经济区的鱼类种群，从而加强南太平洋岛国渔业治理能力建设。[②] 具体来说，一个由邻国组成的次区域集团可以谈判达成一项协议，建立一个渔业管理机构，取代其各自的国家渔业机构。这一集体渔业管理机构将获得管理集体渔业的明确授权，并将按照一套具体目标运作，并由各个成员国的工作人员组成。各国将保留对专属经济区内所有渔业的主权权利，但将授予次区域集体当局管理这些渔业的任务。[③] 这样的集体分区域模式可以将两个、三个或四个志同道合的岛屿国家的体制和基础设施资源结合起来，减轻每个国家的管理负担，同时大幅度增加可利用的管理资源。分区域集体渔业管理机构的建立有利于形成一个多边许可或准入框架，南太平洋小岛屿国家可减轻本身的管理负担，从而提高太平洋群岛的海洋治理能力。

---

① Dalzell P., "The Role of Archaeological and Cultural-Historical Records in Long-Range Coastal Fisheries Resources Management Strategies and Policies in the Pacific Islands," *Ocean & Coastal Management*, Vol. 2-3, 1998, p. 249.

② Hanich Q., . Teo F., Tsamenyi M., "A Collective Approach to Pacific Islands Fisheries Management: Moving Beyond Regional Agreements," *Marine Policy*, Vol. 1, 2010, p. 90.

③ Hanich Q., Teo F., Tsamenyi M., "A Collective Approach to Pacific Islands Fisheries Management: Moving Beyond Regional Agreements," *Marine Policy*, Vol. 1, 2010, p. 90.

（三）提高南太平洋区域内渔业治理组织协同合作成效

第一，完善区域组织渔业治理政策法制框架。从而使相关组织能够更广泛的建立各种联系，发掘有效的沟通渠道，交换信息与资源，倾听不同的声音与意见，形成共同立场。通过采用"太平洋方式"进行对话和决策，实现协商一致与合作。[①] 第二，提高资助决策的透明度。区域海洋治理的复杂性之一在于非政府组织和资助机构以不协调和临时的方式做出决策，为了避免重复和争夺稀缺资源，需要加强各个机制的能力。需要强调的是，清晰透明的表达决策过程尤为重要，这将确保所有相关利益相关者和知识持有者了解决策如何以及在多大程度上可以为决策过程做出贡献。[②] 第三，加快南太平洋一体化进程。一体化水平的提高有利于最大限度的凝聚力量，优化区域内资源配置，在区域内实现更深入的合作与共识的达成。欧盟之所以走在全球海洋治理的前沿，与其高度的一体化水平有着密切的联系。区域海洋治理是当今世界区域主义的核心，南太平洋地区有潜力在全球范围内推动成功的综合海洋管理。通过区域合作方法促进一体化，为严重依赖海洋资源的社区的健康和福祉做出贡献[③]，同时帮助提高南太平洋地区渔业治理组织机构的协调合作。

[①] Vince J., Brierley E., Stevenson S., et al., "Ocean Governance in the South Pacific Region: Progress and Plans for Action," *Marine Policy*, Vol. 79, 2017, p. 41.

[②] Vince J., Brierley E., Stevenson S., et al., "Ocean Governance in the South Pacific Region: Progress and Plans for Action," *Marine Policy*, Vol. 79, 2017, p. 44.

[③] Vince J., Brierley E. Stevenson S., et al., "Ocean Governance in the South Pacific Region: Progress and Plans for Action," *Marine Policy*, Vol. 79, 2017, p. 44.

（四）推动构建全球海洋渔业治理伙伴关系

从长远来看，自由主义者认为合作的最终目的是建立共同体。在新自由制度主义者罗西瑙看来，治理和秩序之间存在着一种紧密的联系，甚至治理就是秩序加上意向性。从这个层面而言，全球海洋渔业治理伙伴关系的建立符合新自由制度主义者关于共同体和秩序的需求。构建全球海洋渔业治理伙伴关系不仅有利于南太地区岛国和区域内组织减少治理成本、突破自身治理局限，也可进一步促进相互依赖度的增长，提高机制安排的有效性。"蓝色太平洋"共识和国际层面"海洋伙伴关系"建设为南太平洋地区融入全球渔业治理理念和全球渔业治理体系提供了很好的机遇和条件。第一，南太平洋地区岛国在加强渔业治理合作的过程中，可将其治理的议题范围扩展至生态、经济、文化、人文等领域，从而扩大与域外国家和机构利益交汇点，进而更好地实现双边层面"渔业治理伙伴关系"。第二，欧盟为南太平洋地区提供了诸多实践和经验，并对南太平洋地区海洋治理表现出了浓厚的兴趣。随着欧盟日益深入的参与南太地区海洋治理实践，欧盟将进一步推进与南太地区国际组织和相关岛国海洋治理关系的发展。欧盟与太平洋岛国就气候变化和海洋酸化等问题有巨大合作空间，欧盟可加大对南太平洋地区海洋治理援助力度，南太平洋地区岛国也应在区域治理机制下就深海资源的可持续开发与利用、海洋保护区等方面与欧盟加强沟通与交流。① 第三，联合国作为全球海洋治理中重要的国际主体，凭借其较高的权威性和合法

---

① 梁甲瑞：《积极介入：欧盟参与南太平洋地区海洋治理路径探析》，《德国研究》2019 年第 1 期，第 65—66 页。

性，以及较丰富的全球海洋治理经验和资金储备，在全球海洋治理进程中拥有较为明显的优势。联合国大会（UNGA）第 61/105 号和第 64/72 号决议指出，迫切需要识别并绘制脆弱的海洋生态系统，以便有效地增强海洋保护区（MPA）的凝聚力网络化，并满足区域渔业管理组织实施公海捕鱼预防措施的需求。[1] 在联合国加强实施手段、重振可持续发展全球伙伴关系的背景下，南太平洋地区的岛国应制定更为明确具体的行动计划，与联合国 2030 年可持续发展议程的具体目标相契合，在保护和可持续利用海洋和渔业资源方面推动与联合国的伙伴关系建设。

四、结语

随着南太平洋地区对自己海洋的理解不断加深，区域海洋渔业治理的原则和规范不断得以凝练，并逐渐获得各方认可，成为全球共识。2014 年以来，为落实南太平洋渔业治理机制，区域内岛屿国家在全球和区域两大层面协同推进，一方面积极与联合国 2030 年可持续发展议程、全球海洋治理议程对接，另一方面密集召开区域性会议，凝聚共识，汇集利益攸关方意见和智慧。对于那些非常依赖渔业资源的南太平洋岛国而言，这种参与在未来还有很大的提升空间。从南太平洋区域内渔业治理组织的角度来说，"蓝色太平洋"共识为其构建更紧密的区域

---

[1] Anderson O. F., Guinotte J. M., Rowden A. A., et al., "Field Validation of Habitat Suitability Models for Vulnerable Marine Ecosystems in the South Pacific Ocean: Implications for the Use of Broad-Scale Models in Fisheries Management," *Ocean & Coastal Management*, Vol. 120, 2016, p. 110.

关系提供了良好机遇，有利于其最大限度的整合区域内资源和力量，克服"集体行动"的局限，进一步发展完善区域渔业治理机制，进一步发挥其在全球渔业治理进程中的引领作用。

国际海洋政治发展与中国海军建设

张　烨*

当前中国正处于由大国向强国转变的关键阶段，海洋作为全球资源宝库、重要公共空间和运输大通道的战略地位更加突出，中华民族对强大海军的需求从来没有像今天这样紧迫。随着国际政治和科学技术不断发展，国际海洋政治发生深刻变化，呈现出新的特征，对中国海军建设发展产生重要的影响。顺应时代发展，把握当代国际海洋政治的新发展和新特点，探索新形势下海军的发展道路，对加速海军战略转型具有重要意义。

一、当前国际海洋政治的发展变化

随着国际政治和科学技术不断发展，国际海洋政治外部环境和内在运行机理发生深刻变化，呈现出新的特点和发展趋势。

＊ 张烨，海军研究院建设发展研究所研究员、博士。

（一）海洋仍是支撑世界强国的决定性战略空间，但影响海洋地位作用的因素复杂多样

大航海时代之后，开放联通的海洋将世界各国联系在一起，财富通过海洋在世界范围内流转，海洋成为地球财富的"血脉"，将财富向世界各地输出，又快捷地送返回本国；同时海洋也是军事力量投送的通道，西方列强通过海洋将军队投送到世界各地，以武力开拓殖民地，控制战略要冲，获取全球财富，实现国家战略目标。这改变了此前陆权的优势地位，那些具有海洋优势，拥有强大海上力量的国家在国际竞争中获得优势地位，谁控制了海洋就控制了世界财富，也就控制了世界，强大的海上力量成为确保国家安全与发展的关键。由此，国际政治的运行机制发生根本变化，在此后数百年的历史中，有效地利用和控制海洋、拥有强大海权，成为近代世界历史上大国崛起的战略支柱。当然，这不意味着海权是大国崛起充分条件，国家兴衰归根结底取决于社会生产方式和制度创新的能力，海权在世界强国发展崛起过程中的作用是由它在全球经济体系中关键的纽带作用决定的[1]，"世界海权兴衰的历史表明，资本扩张能力既是海权产生和发展的根本动力，也是决定海权能否长久存续与发展的支撑性要素"[2]。今天，经济全球化日益深入发展，海洋作为连接世界纽带的地位更加突出。海洋运输以其相对于陆上和航空运输极其低廉的成本，仍然具有绝对的竞争优势，世界90%的贸易运输是通过海运完成的。"当前世界的经济体系是建立在全球化的基础上，而

---

① 刘中民：《关于海权与大国崛起的若干问题思考》，《世界政治与经济》2007 年第 12 期。
② 刘中民：《海权发展的历史动力和对大国兴衰的影响》，《太平洋学报》2008 年第 5 期。

全球化又是建立在集装箱和现代航运业之上。海基商业产生了一个相互依存的由工业生产和消费组成的国际社会，世界和平与繁荣取决于此"①，海权依然是决定世界贸易体系的关键因素。"海权、自由主义、贸易和繁荣之间的联系之于今天和过去是一样真实"②。而且，随着人类科技水平的发展，海洋资源日益被开发，人类进入了大规模开发利用海洋的时期，海洋经济在全球经济中的权重不断提高。因此，海洋仍然是当前世界经济贸易体系的基础，并与世界金融流通体系、科技创新体系、文化价值体系等相互作用、相互影响，对海洋的开发控制能力成为国家的综合竞争力的核心要素之一。只有拥有海上主导地位的国家才能在国际贸易体系中占据主导地位，进而在国际竞争中占据优势地位。

与此同时，随着人类社会发展和科技进步，陆地、航空交通快速发展，航天、信息网络突飞猛进，电磁和网络等新型战略空间不断出现，深刻影响海权作用的发挥。例如，远程精确武器不断发展，巡航导弹打击距离可达上千公里，弹道导弹打击距离已达上万公里，可从陆上覆盖整个海洋空间，进行准确定位和进攻，陆基力量对海洋的影响范围、影响力度空前提高，陆海空间距离变小，相互影响急剧上升，海陆比较优势不再明显分化。航天技术快速发展，并广泛运用于人类海洋活动，特别是海上作战，为其提供信息、情报和指挥通讯支持，深刻改变人类海上生产、生活和战争的方式。信息网络的日益完善，不断渗透到人类海上活动的各个层面，以计算机为核心的信息网络已经成为现代军队的神经中枢，攻防作战全面展开，覆盖陆、海、空、天等战略空间。海洋与

---

① ［英］杰弗里·蒂尔：《21世纪海权指南》（第二版）（师小芹译），上海：上海人民出版社2013年版，序言第2页。
② ［英］杰弗里·蒂尔：《21世纪海权指南》（第二版）（师小芹译），上海：上海人民出版社2013年版，第44页。

陆地、天空、太空、网络等战略空间的联系更加紧密,相互影响日益加深,在为人类海上活动提供更多便利条件的同时,也制约影响人类的海上活动,海洋地位作用发挥的过程和机理变得更加复杂。

(二) 国际海洋政治主题日益多元, 海洋竞争的综合性更加突出

海洋的社会功能源自其自然属性,并随着人类利用海洋的发展而不断丰富。国际海洋政治也与人类开发海洋的历史进程同步发展,在不同阶段呈现出不同的结构与功能。地理大发现之后,海洋的全球联通性凸显出来,作为战略通道的价值不断提高,通过控制海洋来实现战略利益、并进一步影响或干预陆上事务成为海权最重要的使命,发展海军、夺取制海权成为帝国主义国家争夺殖民地或势力范围的主要途径。在这一时期,海上战争是国际海洋竞争的主要表现形式,军事力量是争夺海洋优势的主要手段,那时的国际海洋政治呈现出浓重的军事色彩,"海权史在很大程度上是一部军事史"[①]。二战以后,海洋科技的发展使人类开发和利用海洋资源的能力极大扩展,海洋渔业、油气、深海矿产开发的水平和数量不断提高,人类对海洋的探索和认知不断拓展,多金属结核、富钴结壳、海底热液硫化物、海底天然气水合物被发现和开采,海洋作为人类资源能源汲取地的地位日益突出。20 世纪 70 年代开始,人类对海洋资源开发的广度和深度前所未有拓展,海洋主权和权益逐步成为国际政治中的重要内容,开发利用海洋的科技能力成为海权的重要组成部分。沿海各国,特别是发展中国家对海洋权益也更加重视,维护

---

① [美] 马汉:《海权对历史的影响》 (李少彦等译),北京:海洋出版社 2013 年版,第1 页。

其海洋权益需求非常强烈，并要求对其海洋权益进行法律确认。1982年通过的《联合国海洋法公约》对领海、毗连区、专属经济区、大陆架、公海、国际海底（区域）的范围及有关方的权益做了明确的区分和界定，规定了有关国家的权利与义务。随着以《联合国海洋法公约》为代表的国际海洋规则以及其他多边和双边规则的效力增大，规则在国际海洋政治中的地位日益上升，通过国际海上规则来协调彼此关系立场、影响海洋事务、实现国家利益已经成为国际海洋政治的常态。围绕着海洋规则与秩序，各国既有合作协商，也有斗争博弈，影响和主导海洋规则的发展日益成为海洋国家，特别是大国海洋竞争的重要目标。与此同时，随着海洋开发利用不断拓展、全球化深入发展，人类对海洋的依赖日益加重，面对的共同威胁日益增多。加强全球海洋治理，保护海洋环境、应对海盗、跨国犯罪和自然灾害，成为国际海洋政治的重要内容。"随着各国的海洋活动越来越跨域领海、专属经济区等海域，走向公海及国际海底区域，海洋的全球治理在国际海洋政治中的分量愈加重大"①。围绕海洋治理的责任与权利，国家间的合作与竞争日益激烈，国际海洋治理能力成为海洋国家，特别是大国发挥国际影响力、实现战略目标的重要内容，逐步成为当代国际海洋政治的重要组成部分。

海洋控制、海洋开发、海洋治理这三大海洋政治主题虽是按历史顺序相继展开，但其演变并非线性发展、依次取代的过程，而是依次发展、相互交叉、并行演进的历史进程②。与此相适应，军事、科技、法律、规则等依次成为国际海洋竞争的基本构成要素，并在当代形成"同时存在、相互影响、相互交叉"的格局。在新的历史条件下，国际

---

① 胡波：《国际海洋政治发展趋势与中国的战略选择》，《国际问题研究》2017 年第 2 期。

② 胡波：《国际海洋政治发展趋势与中国的战略选择》，《国际问题研究》2017 年第 2 期。

海洋竞争超越军事范畴，形成更为广泛和综合的架构体系，既有以军事、经济力量为核心的海洋硬实力，也有以海洋安全理念、海洋治理规则为代表的海洋软实力，综合性特征更加明显。当然，各要素的地位作用并不相同，海洋管控、开发与治理三大主题中，海洋管控是核心，不具备强大的海洋控制能力，海洋开发利用和共同治理就没有可靠保证，而军事力量是实现海上控制的直接力量，是维护国家海洋权益的保底手段，是海洋开发和治理的安全保护，是构建和影响海洋规则与秩序的力量后盾与关键基础。

（三）军事力量暴力使用受到制约，海军运用柔性特征逐步增强

在大航海之后的帝国主义殖民时期，国际政治是强权政治，"社会达尔文主义"盛行，"弱肉强食，适者生存"是当时海洋政治的基本规则，争夺制海权、开拓海外殖民地是当时国际海洋竞争的主要内容，强大的海上军事力量是国家开拓海外殖民地、打开海外市场的重要工具，海上军事力量在国家政策工具中常常处于"突前"的位置，战争是海权运用的主要形式，国际海洋政治暴力性特征十分突出。

时代的发展，海权构成要素和外部环境的不断发展演进，不可避免地对海上军事力量运用产生深刻影响。二战结束后，由于核武器巨大的杀伤力带来的灾难性后果各国都难以承受，有核国家对于发动大规模战争变得非常谨慎。与此同时，资本、资源可以在全球范围内流动，国家不需通过战争方式便可获取土地、资源和市场，通过发展科技、经济、贸易方式，就可以相对和平方式促进国家的安全与发展，并在国际政治体系中占据有利地位。因此，排他性地占有资源和市场的需求大大降

低，以经济发展为重点的综合国力竞争成为国际竞争的总体趋势，军事力量在国家政策手段中的优先地位不断下降。而且，《联合国海洋法公约》通过生效，使各国找到一种除战争之外维护海洋权益、解决争端的方式，这在很大程度上降低了海洋政治的无政府状态和强权政治的特征，国际海洋政治呈现出"从海洋霸权政治向海洋权利政治发展的历史趋势"①。与此相适应，海军暴力运用频率和强度降低，海军使命任务向和平时期、向非战争运用的方向拓展。20世纪70年代，美国明确将和平时期的威慑以及海上存在纳入海军的使命任务当中。苏联海军将其使命任务分为战争时期与和平时期两个部分。冷战结束后，在超级大国争霸背景下被抑制了的地区争端、民族矛盾、极端主义、恐怖主义以及海盗袭击、自然灾害安全威胁日益上升，海军的使命任务进一步向非传统安全领域扩展。各国海军在完成海上战争、力量投送、对岸打击、战略威慑等传统任务的同时，更加注重实施灾难救援，外交行动等非传统安全任务。美国于2007和2015年出台的《21世纪海上力量合作战略》②，都将和平时期应对恐怖主义、武器扩散、海上犯罪等非传统安全威胁，以及开展国际海上合作作为重要任务。2001年出台的《俄罗斯联邦2020海洋学说》将"保证俄罗斯国家经济部门和其他经济部门在与俄罗斯毗邻的海域安全航行和安全生产；对俄罗斯国家级的和其他经济机构进行海洋学研究、水文气象研究、地图绘制和勘探等活动提供保障；保障民用和军用船只的航海安全"纳入其海军的使命任务之

---

① 刘中民：《中国国际问题研究视域中的国际海洋政治研究述评》，《太平洋学报》2009年第6期，第79页。

② *A Cooperative Strategy for 21st Century Seapower 2015*, http://www.navy.mil/maritime/Maritime Strategy.pdf.

中①。2007年印度出台的《海洋军事战略》将其海上力量的任务分为战争任务和和平时期的任务，后者包括核威慑和常规威慑在内的海上威慑任务，海上维和等联合国框架下及与盟国共同实施的干预行动，国际海上援救、人道主义救援、联合巡逻和演习等外交运用，打击走私和毒品和打击海盗的等海上执法运用②。因此，尽管打赢国家间的海上战争依然是海军运用的核心任务，但受多种因素制约，海上力量的战争运用的频率降低，海上力量的外交、执法和人道主义救援的功能进一步强化，这在客观上使海权运用的暴力性大大降低，海权运用在保持强制性特征的同时，其柔性特征不断增强。

进入21世纪后，世界各国的经济联系和相互依赖持续增强，海上安全威胁的多样性和不确定性日益突出，海洋的联通性使这些安全威胁呈现出明显的跨国流动、多方联动的特点，任何国家都无法依靠自己力量实现海上安全的目标，国际海上安全合作成为各国必然的选择。2005年8月，美国海军作战部长马伦上将在海军战争学院演讲中提出"千舰海军"计划，其基本设想是构建由各国海上力量自愿联合组成的海上合作网络，"将海军部队、港口作业者、商业货轮以及国际组织、政府机构和非政府组织联合起来"共同应对海上安全挑战。③ 2007年，美国推出《21世纪海上力量合作战略》，将"发展保持同更多国际伙伴的合作关系"作为美国海上力量的6项基本任务之一。2015年美国出台的《21世纪海上力量合作战略》将合作看作其两项基本战略原则之一。"要组成一个全球海军网，汇集世界各地志同道合的国家和组织，应付

---

① *Maritime Doctrine of Russian Federation 2020*，July 27，2001.
② *FREEDOM TO USE THE SEAS：INDIA'S MARITIME MILITARY STRATEGY*，2007.
③ 杨祖快：《美新版千舰计划又出笼》，《环球军事》2009年第10期。

共同的海上安全挑战，应对自然灾害"①。2000 年出台的《俄罗斯联邦海军战略草案》也将开展海上安全合作作为其海军的重要任务之一，"实施国家间的双边和多边协定，扩大信任措施和防止海上意外事件，交流信息，建立集体安全机构，在相互商定的地区削减（限制）海军力量和限制军事行动"②。英国海军将 "全球参与"　（International Engagement）作为其三项核心任务之一，认为全球参与是以跨越政府的方式提供长期有效的防止冲突发生的有力工具③。国际海上安全合作实践的深化，扩大了各国的共同利益，为共同维护海上安全发挥了积极的作用。同时开展海上合作，提供公共安全产品，对塑造积极国际形象、营造有利的地区和国际海洋环境、提高国家影响力具有重要作用，逐渐成为海上军事力量运用的重要方式。当然，时代的发展并没有改变国际海洋政治根本属性，通过海洋来影响和控制陆上事务仍是国际海洋政治的核心，权力政治仍是国际海洋政治的本质，实力仍是塑造国际规则秩序、实现国家目标的基础条件，军事力量仍是国际海洋竞争的核心力量，海军运用的强制性、暴力性的根本特征没有改变。

（四）夺取制海权仍是海军的核心功能，制海权有限性、综合性特征不断增强

夺取制海权是海军与生俱来的功能，"控制海洋的能力是指夺取和

---

① *A Cooperative Strategy for 21st Century Seapower 2015*, http://www. navy. mil/maritime/Maritime Strategy. pdf.
② 《俄罗斯联邦海军战略草案》，2000 年。
③ Royal Navy, *Future Navy Vision, The Royal Navy, Today, Tomorrow and Towards 2025.*

保持制海权的能力，即一般意义上的制海权，这也是海上力量的基本目的和功能"①。20 世纪之前，大部分沿海国家军事力量落后，缺少对海上舰队的有效反制手段，因此大国海军享有近似绝对的海上自由行动空间。很长时间以来，英国舰队的作战原则是，"我们战列舰队的适宜位置就是敌人的海岸线"②。马汉海权理论中的制海权是绝对制海权，英文为"sea command"。他认为，获取制海权的途径是通过舰队海上决战彻底将敌方海上力量摧毁，将其永久性地赶出重要水域，以确保己方绝对的海上行动自由。1911 年，英国海军军事理论家科贝特出版了《海上战略的若干原则》一书，他认为制海权是有限的、是相对的。从时间维度看，不是永久的；从地理界限看，不是无限的。绝对制海权不应当是海权追求的最终目标，大舰队决战也不应当成为海军的首要任务。他认为海上作战要为陆上战争服务，要努力平衡海上作战与陆上作战的关系，控制交通线是制海权的核心③。此后一战、二战的海上战争实践证明了科贝特有限制海权概念的合理性。德国在其战列舰主力被围困或击溃的情况下，通过潜艇战攻击盟国的海上交通线，使其海上运输船队损失惨重。盟国虽占据海上优势，但依然无法获得完全的海上行动自由，无法获得绝对的制海权。20 世纪七八十年代，美苏海上争霸不断加剧，任何一方要获得绝对的制海权已经变得不可能。美国海军开始使用"sea control"一词代替"sea command"。冷战之后，随着先进潜艇、岸基反舰导弹、智能水雷、远程飞机等新型武器装备的发展，更多国家甚至中小国都具备了不同程度的区域拒止能力，限制了大国海上力量自

---

① 刘新华、秦仪：《现代海权与国家海洋战略》，《社会科学》2004 年第 3 期。

② Julian S. Corbett, *Principles of Maritime Strategy* (Mineola, New York: Dover Publications, Inc. , 2004) , p. 54.

③ Julian S. Cobett, *Principles of Maritime Strategy* (Mineola, New York: Dover Publications, Inc. , 2004) , pp. 158–159.

由活动的范围，压缩了其海军的运用空间。进入 21 世纪之后，随着新兴国家海上力量的发展，越来越多的国家海军具备了所谓的"反介入/区域拒止"能力，美国的海上行动自由，特别是在近海区域内受到了越来越强的挑战，应对"反介入/区域拒止"成为美国海上能力建设的首要目标。2015 年美军出台新的《21 世纪海上力量合作战略》承认其海上军事行动受到各种因素的挑战，"在今天的安全环境中，这种介入能力越来越多地受到一些国家和非国家力量的挑战，他们通过自己的精密的反介入/区域拒止战略，甚至可以将我们最先进的部队和武器系统置于危险之中"[①]，这从一个侧面反映出制海权有限性进一步发展的现实。

与此同时，随着科学技术和海军装备的发展，传统意义的海战场（水面、海空、水下）与陆地、天空、太空、电磁以及网络空间紧密结合，海上作战空间从马汉时代的一维空间到二战时的三维空间，并进一步发展到当前的陆地、海上、天空、太空、电磁、网络六维空间。在夺取制海权的过程中，军事力量必须在多个空间内联合作战，海军与陆、空、天、电、网等各军种跨域联合作战日益成为常态，这改变了过去制海权争夺"海军决胜"的模式，包括制空权、制海权、制天权、制电磁权等在内的海上综合制权成为赢得现代海战的基本条件。

二、中国海军的建设

习近平总书记明确指出，中国坚持"通过和平、发展、合作、共

---

① *A Cooperative Strategy for 21st Century Seapower 2015*, http://www.navy.mil/maritime/Maritime Strategy.pdf.

赢方式，扎实推进海洋强国建设"。当前国际海洋政治向和平有序方向发展，海军使命任务扩大，合作成为海军运用的重要方式，这与中国和平发展大方向契合，为中国海军发展提供了有利的外部环境和广阔的战略空间。但与此同时，国际战略格局深度调整，大国博弈全方位展开，围绕权力和利益分配的斗争激烈复杂。实力仍是国际政治的决定性因素，海权的强制性、扩张性等核心特征依然明显，在国际海洋政治重回大国竞争的背景下，中国海军发展不可避免地受到既有海权大国的围堵与遏制，日益激烈的海洋权益争端也提升了发生海上军事冲突、甚至局部战争的风险。中国应当正视海上方向的风险挑战，顺应国家战略的总体要求，适应国际海洋政治发展的新特点和新趋势，探索中国特色的海上力量建设与运用之路。

（一）重视力量但慎用武力，建设适应国家战略要求的海上军事力量

尽管当前国际海洋政治朝着公平合理的方向发展，但其权力政治的本质并未改变，军事力量仍是其核心手段。中国海洋强国建设在强调自身特色同时，无法回避海上权力这一核心要素，建设强大的海军是其必然要求。但中国要着眼国家和平发展战略要求，顺应当代海洋政治和平有序的发展方向，将海上力量建设控制在国家主权、安全、发展利益范围之内，不追求霸权、慎用力量、渐进拓展、有序推进，努力探索与国家和平发展相互协调的海军发展道路。中国有汉唐历史的辉煌、有近代历史遭列强海上入侵的屈辱，对发展强大海军，具有强烈的情结和追求，这既是中国发展海军的民众基础和强劲动力，但也可能成为海军过

度发展，损害国家整体战略的潜在隐患，要防止"大海军、大海权"的冒进心态，强化海上力量发展的顶点意识，将其限制在科学合理的范围之内。要正视海军建设具有更明显的拓展性和外向性现实，做好相应的政策说明和宣示，努力避免外界将中国海军发展等同于国家扩张与攻击性增强的认知。要与国家综合国力、总体战略保持协调平衡，努力避免陷入过于追求力量和权力，透支国家战略资源的陷阱，走稳中国海洋强国建设之路。

（二）坚持统筹规划、综合运用，推进中国海军建设全面协调 发展

当前国际海洋政治内涵日益丰富，构成要素日益综合，中国必须加强对海军建设与运用的战略指导，统筹协调军事、经济、外交、科技多领域资源，把握重点、逐步推进，确保海军建设综合、协调发展。一是要与经济发展相互协调，海军要为经济发展服务，经济发展又反哺海军，实现良性互动。要充分认清海外利益已成为国家利益的重要组成部分的现实和趋势，加快军事力量走出去步伐，拓展兵力运用领域，走向远海大洋、走到国家利益拓展的最前沿，做到国家利益拓展到哪里，海军就跟进保障到哪里，在更高层次上维护国家安全、发展利益。同时，要根据国家战略需要来把控军队发展节奏，防止军力发展影响国家发展大战略。二是确保海军力量结构均衡发展。科技的发展使人类海洋活动的立体性、综合性不断提高，夺取包括制空权、制海权、制天权、制电磁权等在内的海上综合制权成为赢得现代海战的基本条件。强大的现代化海军必须是一支结构均衡的海上力量。中国必须顺应海上战争形态的

发展变化，着眼本国海上利益日益多样的安全需求，瞄准世界一流的目标，加快海军的战略转型，建设一支均衡发展、慑战兼备的海上军事力量，既要应对海上传统安全威胁，慑止打赢战争，捍卫国家领海主权和合法海洋权益；又要应对海上非传统安全威胁，确保海上战略通道安全，维护国家日益发展的海洋开发利用的利益需求；还要履行国际义务，参与国际海上安全合作，提供公共安全产品，维护地区和世界的和平与稳定。三是要树立军民融合、联合运用的大思路、大理念，逐步消除"军转民"和"民参军"障碍，加快军地对接需求、共享资源、深度合作，以军带民、以民促军、军民互动，加快形成全要素、多领域、高效益的军民融合、联合运用的发展格局。

（三）转变海军战略运用方式，拓展运用范围和领域

长期以来，中国海军是一支近岸、近海的力量，主要职责是维护国家主权安全和海洋权益，使命任务和运用方式相对单一。然而，随着中国综合国力增强、国际地位不断提高，中国的海外利益加速向世界各地拓展，承担的国际责任与义务不断扩大，使命任务日益多样，这大大拓展了海军运用的战略空间，对海军战略运用提出了新的要求。中国要顺应国家发展的战略要求和海军力量不断发展的现实，转变拓展海军运用方式，提高进取性、主动性，塑造和平稳定的海洋环境，为维护国家安全和发展利益、提供有力的战略保障。一是要从近海向远海拓展，在加强对近海有效控制的同时，向远海国家利益攸关海域拓展，在更远的范围、更大的领域有效维护国家安全和发展利益，营造有利战略态势。二是改变长期以来被动应对的做法，主动作为，在国家主权、安全和发展

的重大利益受到威胁和侵犯时，坚决维护中国海洋权益，实现国家安全目标。三是要从危机应对向主动塑造前移，增强海军运用的主动性，充分利用非战争行动，及早预防，加强危机管控，遏制热点升级，保持海洋环境的安全稳定，不断改变中国海上方向不利的战略态势。四是与各国海军加强安全合作，健全多层级对话沟通机制，加强危机管控、构建不冲突、不对抗、合作共赢的新型国际海军关系。如保持与美国海军的沟通交流，积极开展海上安全合作，增强战略互信、管控风险分歧，努力实现良性互动，确保中美海上关系稳定。五是要积极承担海上安全责任、提供公共安全产品，加强与各国海军在地区和国际海洋安全事务上的协调配合，共同承担相应的责任，广泛参与海上战略通道护航、海外医疗服务、海上抢险救灾、提供航海保障产品、积极履行国际义务，维护地区和世界的和平与稳定。

（四）主动参与国际海洋治理，发展完善海洋规则秩序

随着高新技术的广泛应用，海军综合行动能力快速提高，行动空间向全域、全维拓展，任务职能向海上合作、海洋开发、海洋治理等领域延伸。海军在目标探测识别、信息获取融合、数据传输共享等方面具有能力优势，有助于加强海上互联互通基础设施建设，完善海上态势感知体系，为海上执法、灾难救助等提供有力信息支撑。海军可持续存在于大洋、深海，与民用力量共同进行海洋科考与开发，能够为大范围、精确获取海洋环境数据、开展海底勘测、水下施工、极地开发等活动提供力量支撑和行动保障。海军装备军民通用性强，可为民用船舶提供水文气象、导航助航服务，为海洋平台、海上风电、海底管线等海洋基础设

施提供安全保护。海军有责任、也有能力参与国际海洋治理，把承担国际责任与义务作为提高国际影响力、参与国际海洋治理、塑造海洋安全环境的重要途径，高效务实参与国际护航、联合反海盗、海上维和、国际人道主义救援、海难救助等行动，以开放的态度与各方广泛开展海上安全合作，提供更多公共安全产品。

参与海洋规则制定、影响国际海洋秩序发展，是当代海洋战略竞争的重要内容。海军是海洋规则的创制者，在长期的海上行动实践过程中，世界各国海军探索制定了海上行动程序和规则，为促进海洋有序发展、维护海上安全、推动海上合作发挥了积极有效的作用。海军也是海洋规则的践行者和维护者，掌握和运用海上规则已经成为世界各国海军的内在需求和普遍做法，海军享有普遍管辖权，有权利有义务打击海盗、跨国犯罪、海上恐怖主义等活动，可依法对破坏海洋秩序、危害国家海洋安全的行为进行处置，维护海洋的良好秩序。长期以来，中国在国际海洋体系和秩序中处于边缘地带，改革开放之后，中国综合国力快速发展，融入国际社会进程不断加快，特别是进入 21 世纪之后，中国深度参与国际海洋事务，在国际海洋规则秩序发展进程中发挥越来越重要的作用。中国海军应当顺应形势发展，加强海军官兵对国际海洋法的学习培训，提高对国际法规则的认识和应用能力水平；应当坚持循序渐进的原则，从具体行动协调机制和原则开始，逐步向地区和世界海上规则和秩序拓展，扩大中国在国际海上规则和秩序发展进程中的话语权和影响力，如利用南海岛礁建设成果，在海上救援减灾、海难事故应急响应等方面提出机制建设倡议、探讨制定行动指南、建立完善协调机制；针对海上装备无人化、智能化的现实，讨论、制定和完善海上无人平台使用规则，为构建更加公正合理的国际海洋法秩序贡献智慧和力量。